地形

私たち

してきたか

金田章裕

日経プレミアシリーズ

はじめに

東京湾の奥や沿岸、また大阪湾の奥や沿岸にも、次々と新しい高層マンションが建てられている。これらの湾奥には、いずれも大河が注ぎ込んでいる。言うまでもなく、東京湾には隅田川、大阪湾には淀川であり、それぞれの地元ではかつて、いずれも「大川」と呼ばれていた。

これらの川沿いや河口付近は、しばしば水害に襲われてきた土地であった。最大の理由は築堤技術の不十分さにあった。人々はこれらの土地を、小規模な洪水であれば被害の少ない水田などとして利用し、住居は水害を受けにくい、より安全な、少しでも高い土地に建てようとした。

自然にできた微高地で足りない場合は、人工的に盛《も》り土をしたり、屋敷地の一画において、さらに一段高い「段蔵《だんぐら》」（71頁写真2－1）と呼ばれる別棟（淀川流域の場合）を建てたりして水害に備えた。木曽川下流域の場合では、このような別棟を「水屋」と呼び、そこに臨時の生活の準備を整え、さらに軒下に小舟を吊るして洪水に備えた。

ところが、近代に入って築堤技術が進み、現代においては重機やコンクリートの発達によって、それがさらに進展した。人々はかつての水害への警戒を解き、川沿いの低地が安全な土地であるかのような、一種の錯覚を持つに至ったものであろう。その結果の代表例が川沿いの高層マンション群である。

この動向を決定付けたのは、市街地に比べ、川沿いの低地の利用度が低いと考えられていたことである。かつて川沿いの水害常襲地であった低地は、水田などとして利用されていたとしても、確かに宅地はほとんど存在せず、大規模開発の業者にとってはかえって広い開発用地を入手しやすい場所であった。何よりそのような土地は、通常の市街の宅地に比べて地価が著しく低廉であった。

その結果、川沿いの低地に、多くの高層マンションの建設や住宅団地の造成が進むこととなった。広い用地を求める公共施設や工場などにとっても同様である。土地が水害にみまわれる危険性よりも、用地の広さと地価の安さが優先された結果と言えよう。

川沿いの開発は冒頭にあげた隅田川や淀川にとどまらない。日本の各地で、土地の地形条件を無視した開発が進行している。極端な表現をすれば、川沿いの低地に立地する各種の大型施設や住宅は、危険性の無視、用地の広さ、地価の安さ、という条件の下で成立していると言ってもよい。

川沿いの低地の地形条件は、どこでも同じように整地されてコンクリートで覆われた現在の状況から、一見してすぐに理解できるものではない。

私たちの暮らす地形が、もともとどのようにしてつくられ、どのような性格の土地であるかを、まず知る必要がある。さらに、人間がどのようにその土地を利用してきたか、またどのようにその土地を改変したのか、といった事柄について確認する必要があろう。

検討のためには、土地、つまり空間にまず目を向けねばならないであろう。しかもその土地の変化を、時間的にも検討しなければならない。つまり空間と時間の双方を視野に入れる必要がある。

本書ではまず、空間と時間に同じように目を向けている、歴史地理学の視角を紹介したい（第1章）。

次に、日本の平野の地形が、基本的に河川の浸食と堆積でできていること、および結果として存在する、いろいろな地形の基本的な特性を振り返りたい（第2章）。

私たちが暮らしてきた平野は、河川がつくったものであるが、日本人は一方で、苦労して平野の河川に堤防を築き、水害を防ごうとしてきた。実際の格闘の例をいくつか紹介する（第3章）。

次に、少し視野を変えて、海辺や湖辺、また山地や丘陵の山裾の変化にも目を向けたい（第4章）。これらの場所は地形変化の先端といってもよいほど、動きの激しい部分である。

これらの崖や平野の縁辺は、平野とは別の価値をもって利用されたり、時に愛《め》でられたりした。具体的な様子を紹介したい（第5章）。

地形の変化は自然現象としても現れるが、人工的にも大きな改変が加えられてきた。さらに、全く「人がつくった土地」についても見ていきたい（第6章）。章の後半では、これらの変化への「土地の記憶」とでも言うべき状況についても触れておきたい。

私たちは、土地にさまざまな名称（地名）を付して、場所を特定してきた。ところが地名は変化したり、意図的に変えられたりした。そこで視点を変えて、地名の変化についても眺めておきたい（第7章）。地名は土地の記憶を語る場合がある貴重な資料であるものの、歴史的に変化する場合があることに注意を払わねばならない。

最後には、空間と時間のみならず、立地や環境にも関心を向けてきた地理学のいくつかの視角を紹介しておきたい（第8章）。空間に関心のある方には、目を通していただければ幸いである。

土地の性格や変化そのものに関心の深い方は、第2章から第7章を先にご覧いただき、その後で第1章と第8章に目を通していただく場合もありうると思われる。

本書は、私たち日本人がどこで暮らしてきたかについて、振り返ることを目的としている。暮らしてきた場所の地形が、どのような特性を持っていて、どのように変化してきたのかについての見方を紹介しようとするものである。

近年各地で発生している水害や地形災害は、単に気候温暖化とか、異常気象とかだけで説明できるものではない。水害や災害がどこで、どのように発生したかについて理解を進めるためにも、地形環境やその歴史的改変に注目しなければならない。小著がその一助となることを願いたい。

目次

第3章 堤防を築くと水害が起こる

第6章 人がつくった土地

第　1　章

歴史地理学は「空間と時間の学問」

「地理学」と「歴史学」の違い

地理学と歴史学の違いはいったい何だろうか。地理学は地理を研究する学問であり、歴史学は歴史を研究する学問である、と言って間違いではないが、これだけでは十分に説明したことにならないであろう。

もともとこの二つの分野における、それぞれの研究方向へと結びつく記述の対象とあり方は、かつて多くの共通性を持っていたのである。

誰もが耳にしたことのある、大変有名な書物を振り返ってみたい。例えば中国大陸では、「正史」と呼ばれる史書が24もあることが知られているが、伝本や成立過程はさまざまである。

そのうち、紀元前の漢（前漢）の正史『漢書』（班固〔32〜92〕ら）は、「帝紀（皇帝別）、表（諸侯・王族などの系譜別）、志（主題別）、列伝（個人別）」の4部分からなっているが、このうちの志には「地理志」が含まれている。

地理志はまず、『禹貢』『周官』『春秋』などを引用して漢の成立までの略史を述べ、ついで、「京兆尹《けいちょういん》（長安周辺の東郊）」はじめ、漢の83郡と19国（秦の36郡から大幅に増加）それぞれについて、系譜・来歴と戸数・人口、さらに各郡内の県の位置と、それらの名称・来歴・山川を箇条書き的に列挙している。

さらにこれらの歴史・風俗について、総括ないし概観を記述している。例えばその冒頭に置かれた「秦の地」では、まず秦の領域内の諸郡に触れ、祖先から滅亡時の皇帝までの来歴をたどり、その上で、もとの秦の地や、秦の習俗・土地・産物・民俗・人口などの状況の概要を記している（小竹武夫訳『漢書』）。地理志とはいっても、記述は歴史と不可分に融合ないし重層していたのである。

また、正史の中でも評価の高い『後漢書』（司馬彪《しばひょう》?～306）は「本紀」と「志」からなり、志のうちには「倭人伝」が含まれていて、次のような内容が記されている。「倭」（の位置、産物）、「気（候）」、「兵（器）」、「（風）俗、渡海の風習、奴国（の使者）」、「倭国大乱」から「卑弥呼」の統治・王宮などである（藤堂明保・竹田晃・景山輝國訳『倭国伝』）。

一方日本では、8世紀に『日本書紀』と『風土記』が編纂された。きわめて大まかに言えば、それぞれの一書が『漢書』の「帝紀」及び『後漢書』の「本紀」部分と、『漢書』の「地理志」部分に相当する。

それ以前、紀元前5世紀頃の地中海世界では、『歴史』（ヘロドトス）と題された、著名な書があって、やはり各地の国の盛衰や、それぞれの地理および風俗などの記載があった。例えば「エジプト記」（巻2）では、「国土の記述（山・川・平野などの地勢、境界、海、季節風）、下エジプト、ナイル川、エジプトの風習（宗教、聖なる動物、生活様式）」などが記述された後、「エジプトの歴史」に移る（松平千秋訳『ヘロドトス 歴史 上』）。

これら、東西の古典的な書物の「地理」と「歴史」が含む内容には、共通性あるいは重層性が多く、実際には書名あるいは主題の違いほどには、大きな隔たりがなかったとみられる。

とすれば、いつから別のものと考えられるようになったのか、ということになるであろう。時期を区切るとすれば、さまざまな近代科学の定義や分類が始まってから、と言ってよい。

その嚆矢《こうし》が、プロイセン王国（ドイツ）の哲学者、I・カント（1724～1804）であった。カントは周知のように、ケーニヒスベルク大学の哲学教授であったが、一方で自然地理学も講じていた。

近代科学としての地理学と歴史学の分類は、カントが、「地理学は相互に隣接している事象の記述であり、空間と関連する」、また「歴史学は相互に継起する事象の記述であり、時間と関連がある」としたことに由来する。簡略に表現すれば、地理学を「空間的並存」の状況を記述する学問、歴史学を「時間的継起」の様相を記述する学問、と定義したのである。

確かに、空間の概念と時間の概念は別のものであり、空間と時間を理論的に区別することはできる。近代以後の、地理学と歴史学の研究対象の違い、あるいは地理の学校教科書と歴史の学校教科書にみられる違いは、カントによるこの分類に端を発すると言ってもよいであろうし、現在もその基本は変わっていない。

しかし、現実の空間の様相と時間の経過はどうであろうかと考えるとすれば、私には別の感覚が頭をもたげてくる。

唐突に個人的経験を語ることになるが、私は空間の違いと時間の経過を、一つの事例から同時に実感したことがある。それは、言葉をめぐる印象的な体験であった。

もとより人間社会にとって言葉は、意思を疎通し、情報を伝達したり、それを蓄積したりするために不可欠である。言葉が人間の文化の基礎をなすことは改めて言うまでもない。その言葉が、例えば日本とフランスでは異なっていて、言葉を含むそれぞれの文化が、異なった空間において並存している状況は、確かに地理学にとっても重要課題となりうる。

私が体験した一つの事例とは、用務のためにかつてパリを訪れた際のことであった。その折、パリ在住の日本人に通訳をしていただいた。フランス語ができないから通訳の世話になったのであり、通訳のフランス語について評価することはできない。しかし、おそらくは立派なフランス語であったと思われ、用務はきわめてスムーズに進行した。

違和感があったのはむしろ、通訳の日本人が話す日本語のほうであった。その折に年配の通訳が話した、非常に丁重な日本語は、現在からすれば随分古めかしい日本語だったのである。

その日本語はおそらく、通訳が若い時に日本で修得したものと思われる表現であった。私自身もおぼろげに、若い時に聞いたことがあったような気がするものの、現在の日常からは遠くなってしまった言葉遣いだったのである。その古めかしい日本語は、現在の日本においても、ほとんど使われなくなった。ところがパリ在住の日本人通訳はおそらく、変化する日本語を更新する機会もないままに、旧態を維持したものであろう。

このように、異なった空間に並存しながらも、時間の経過によって、相互に異なった状況を呈する日本語の存在、といった現象を説明することができるのは、おそらく空間の側面からだけでも、時間の側面からだけでもないと思われるのである。先に触れた東西の古典における、歴史と地理の記述の重層を想起させるものであった。

歴史学と地理学の原点としての歴史地理学

パリにおいて耳にした日本語について、私が感じた印象は次のように言い換えることができそうである。つまり、いろいろな空間に存在するさまざまな事象（例えば日本語）は、すべてが時間的（歴史的）な存在（変化する。あるいは更新するか、しないか）であることの一証である、と。このことは逆に見れば、すべての歴史的事象は、それぞれが空間的に展開するという意味において、空間的存在であるとも言えよう。

先の言葉の例に戻れば、この40、50年間における日本語の変化は、決して小さくない。戦後間もないころの人々が話した言葉は、すでに口語で記されたり、録音されたりした記録があるので、容易に確認できるであろうが、それと現代のわれわれが耳にする日本語はかなり異なっている。

ところが『源氏物語』や『平家物語』などの古典の日本語と、現代の日本語との違いはさらに大きい。言語が人間社会の文化の基礎であることは繰り返すまでもないが、その変化には人間社会の存在、人々の社会集団が必用である。一人だけの言葉の違いでは、それが別の人に通じたとしても、その一人の個性でしかないであろう。そもそもそれでは、情報の伝達や蓄積を目的とした言語の役割を、完全には果たさない。言語の変化には、時間の経過に加えて、一定量の人間社会からなる空間が不可欠なのであろう。

英語でも日本語と同様の変化はよく知られている。例えば、シェイクスピアの時代の英語と、現代の英語の違いは大きい。さらに、イングランドとアメリカやオーストラリアなどにおける、発音や単語・熟語などが、それぞれにやや異なった英語であることも周知のところである。そのような英語の存在もまた、時間の経過ならびに異なった空間という二つの要因の、双方の反映であろう。

先に述べた、地理学と歴史学が未分化であった時代における、『漢書「地理志」』や『後漢書『倭人伝』と、ヘロドトス『歴史』の記述内容に見られる共通性の一端もまた、このような実態を記述する姿勢の類似性に由来するのであろう。

改めて言い換えると、すべての空間的事象は時間的（歴史的）存在であり、すべての歴史的事象は空間的存在であることになろう。空間を考えるために歴史過程への視角を保ち、また歴史過程を考えるために空間への視角を保つことなくしては、さまざまな事象の実態へは十分に接近し難いことになる。前者が地理学の側からの歴史地理学の視角であり、後者における歴史学の側からの視角もまた、同様に歴史地理学と呼ばれる。

さて、カントの定義に由来する地理学にとっての研究資料は、地表の地形・植生や地割形態、大小の地域を表現した古地図をはじめ、各地域の人口や、その文化や産業など、非常に多様なデータ（地理資料）である。

同じようにカントの定義に由来する歴史学にとっての研究資料は、何と言ってもさまざまな文字で記された、さまざまな様式の資料（歴史資料）であり、加えて、建造物から日常の物品に至る、残された多様な実物（「もの資料」）である。

歴史地理学の研究資料もまた、地理学の側からであれば歴史学のそれを、歴史学の側からであれば地理学のそれを、同時に必要とすることになる。

なお、両者の歴史地理学に関連することが多い、考古学の場合は、地上や地下の遺構・遺物（考古資料）がまず基本資料である。ただし、その解釈や位置づけのためにも、地理学の研究資料も、また歴史学の研究資料も援用する必要があろう。

つまり、歴史地理学は「空間と時間の学問」と言うべきであり、歴史地理学は、カント以来の歴史学と地理学における空間と時間のギャップへの、架け橋の役割をも果たすことになろう。

本書の主題である「私たち日本人はどこで暮らしてきたのか」を知るためには、空間と時間を同時に視野に入れた、歴史地理学の視角こそ有用であろうと私は考える。

ただし具体的な検討に入る前に、多少理屈っぽくなるが、空間と時間をめぐる視角についてもう少し検討しておきたい。

人間は時間と空間を同時に「消費」する

歴史地理学が視野に入れる時間は歴史学と同じように長く、その意味では歴史的である。

また、対象とする空間には多くの場合、空間を構成する人間の集団ないし社会が存在する。

しかし短い時間を対象とするのであれば、また個人を単位とするのであれば、時間地理学においても、時間と空間を同時に視野に入れた視角を展開している。時間地理学とは、地理学の比較的新しい研究手法の一つである。スウェーデンのT・ヘーゲルシュトラント（ルント大学、1916〜2004）によって創始された「時間地理学」の考え方は、すべての人間のそれぞれが、ある時刻にある空間に存在する、という事実を基礎とする。

例えばある人は、朝起きてから、まずしばらくは家庭に止まって、朝食・シャワーなどの時間を過ごし、その後、ある人は勤務先へ、ある人は学校などへ出かける。さらに、それぞれの場所においてそれぞれの時間、仕事や勉強などの目的に従事する。それらが終われば別の場所へそれぞれが、買い物あるいは音楽鑑賞やスポーツ観戦に出かけるかもしれない。さらにそれらを終えれば、それぞれの時刻に帰宅して、自宅で食事をしたり、くつろいだりし、さらに睡眠をとって、明朝まで在宅する場合が多いだろう。

つまり人々は、1カ所に滞在しようと移動しようと、また移動先であろうと、移動途中であろうと、それらの際にいずれも、ある時間を使用し、同時にそれぞれの時刻に、ある空間にいる（空間を占有している）のである。それぞれの人のパターンは異なるとはいえ、ある時刻に、必ずある場所にいることは間違いない。このように時刻と場所は、人々の行動において分離できないのである。

時間地理学ではこの状況を、時間と空間を同時に「消費する」と捉える。これらの人々の1日における、いろいろな場所の滞在と移動を、時間経過を追って、また空間別に3次元の図式で説明し、それをプリズムと称する。

このような調査データを蓄積し、空間（場所）に注目して整理したり、時間に注目して移動や滞在状況を分析したりすることによって、空間構造を析出することに結びつけるのが、時間地理学の基本的な方法である。その結果は、ヘーゲルシュトラントがもともと目指したように、都市構造を析出して都市計画に役立てられることもあれば、市場調査や施設の立地検討に活用されることもある。調査データは、多様な目的に応用され得るものである。

ただし時間地理学の考え方は、過去における個人レベルのデータの確保が困難であるために、一部を除いて歴史地理学への直接の援用は難しい。ただし援用可能な一部としては、次のような場合が考えられる。

例えば、日記や記録などの詳細なデータがある場合には、記された一時期について、あるいは人間の生涯といった形で、時間単位を変えて類似の手法が採用可能になる場合があるかもしれない。

また、民族や社会といった、大きな集団という単位ごとについての動向のデータが知られるのであれば、やはり考え方を共有できるかもしれない。個人から集団へと単位を変えて、時間的にも１日から長期にという形で、類似の分析を行うといった場合に援用できるかもしれないと思われる。

景観史の視角――自然景観と文化景観

さて、再び空間そのものに目を転じたい。空間はいろいろなものによって構成されている（「要素」と呼ぶことにしよう）。とりわけ地形は、空間の基盤となる基本的な要素であるし、草木などの植生もまた、土壌や気候を反映しつつ、やはり重要な要素である。

どのような空間にも、大小の多様な規模があり、それぞれの大きさの空間としてとらえることができる。例えば、関東平野とか大阪平野といった広がり、あるいはそこに存在する、個々の都市や農村などのそれぞれの広がり、といったいろいろな規模の範囲がある。もちろん、もっと大きな広がりも、もっと小さな範囲もある。捉える基準によって、その空間を構成する平野という基盤、あるいはそこに展開する都市や農村などには、それぞれにまとまりや特徴があるのが普通である。このような、まとまりのある空間の広がりを「地域」と呼ぶことが多い。

地域を構成するこれらのさまざまな要素は、目に見える景観の要素としても確認することができる。逆に、景観要素がかかわりあった、その集合体が地域であると表現することも可能であろう。

「景観」と訳されたのはドイツ語（Landschaft）であった。もともとのドイツでは、ひとまとまりの「景観」ないし「地域」を、いずれもラントシャフトと表現していた。この言葉はさらに、社会的・政治的なまとまりをも意味した場合があった。地域を構成する要素と同様に、景観もまた、それを構成するいろいろな要素からなっている。

ただし、現在の日本では一般に、景観はこのようなドイツ語が持っている意味ではなく、英語（landscape）が意味するような、目に見える対象を意味して用いられている。本書もこれに従って、視覚的に確認できる対象を意味してこの語を用いることとしたい。

さて景観には、人が関与していない、自然の力（営力）によってできた「自然景観」と、何らかの人の力が加わった「文化景観」の2種類がある。景観を構成するそれぞれの要素にもまた、この両方の種類がある。例えば、河川はもともと自然のものであり、全く自然のままであれば、自然景観の要素となる。しかし例えば、河川の両側に人工的に堤防がつくられて河流が制御されるとすれば、それは人の営力が関与した結果であり、その河川はすでに純粋な自然景観ではなく、文化景観の要素となる。

つまり、自然景観（ないしその要素）そのものは時間を経て変化するが、自然景観から文化景観へと変化することもあり、さらに文化景観そのものも時間の経過とともに変化する。河川の例で言えば、河川そのものの河道の変化のような、自然景観としての変化があり、また、自然景観の要素としての河川から、堤防が構築された文化景観への変化、さらに堤防や河道の人工的な改造などが加わった、文化景観そのものの変化がこれらに相当することになる。

このような自然景観と文化景観の双方のさまざまな要素の変化を追跡し、それらの相互関連を含めて、景観全体の変化を分析するのが「景観史」の視角である。

どこに存在する景観（要素）であっても、またどのような景観（要素）であっても、変化しないものはない。ただ、変化に要する時間は、景観要素の種類により、また景観そのものの特徴によっても著しく異なる。一般に文化景観の変化に要する時間は、自然景観に比べて短いと言えよう。しかも、人間の営みの時間経過から見ても、文化景観の変化はとりわけ著しく、変化に要する時間は短い。

もちろん、自然景観であっても変化は見られるが、文化景観の変化に要する時間と比べると、自然景観の変化の時間は大きく異なる。しかもその変化は、継続的に起こる場合もあれば、間歇《かんけつ》的に起こる場合も多い。さらに、間歇的変化の間隔は、数年に1度から数百年に1度というものもあり、何万年あるいは何十万年をかけて、という場合もある。結果的に自然景観の変化は、長時間を要し、また変化の度合いは極めて大きい場合もあれば、変化の性格や時間幅によっては、ごくわずかな変化である場合もある。

このように、文化景観の変化と自然景観の変化の時間は、規模と速度の相互において、極めて不調和であるといってもよい。両者の不調和はあまりに大きいので、目に見える形で確認できる場合もあるが、そうでない場合が多い。自然景観の変化が、まったくと言っていいほど、目に見える形で（人間が確認できる時間内に）現れない場合もある。例えば、火山の噴火や、河川がもたらす洪水のように、いったん出現した場合には、人間生活にとって全く突然のように映ることも多いであろう。

景観の個々の要素に目を向けると、その変化にはもう一つの特徴がある。それぞれの要素が相互に関連している場合が多いことである。自然景観の場合には、変化の時間が長いので、関連がすぐには現れないことが多いが、とりわけ文化景観にはこのことが顕著に現れる。この関連には直接的なものも間接的なものもあるが、これらの関連をも視野に入れるのが、景観史のもう一つの視角である。

例えば現代における河川（文化景観）の氾濫は、さまざまな被害をもたらす。災害復旧のためには、土木工事を行わねばならないことが多く、それが文化景観をさらに大きく変える契機となることが多い。このような災害ではなくても、ある施設を新しく建設することがあれば、その新施設が加わるだけでなく、周囲の場所に関連の施設が移動してくることもあって文化景観に大きな変化をきたすこととなる。それとともに、新施設が移転してきた旧位置の景観もまた、これと連動して変化することになる。

このような、変化が相互に関連する状況を想像していただくことができよう。ここでいう景観要素が関連している例の一つである。

本書はすでに述べたように、空間と時間を同時に視野に入れた歴史地理学の視角を採用する。その中でも、とりわけ景観史の見方が、本書の課題には有効だと思われる。本書の中心課題である地形もまた、多様な要因によって変化するのである。

私たち日本人が暮らしてきた地形とは、「日本の平野の地形」に他ならない。平野の地形を見ていくためには、まず自然景観としての地形についての基本的な予備知識が必要となる。次章では、そのために、まず平野の地形の概要を述べておきたい。

ただし、私たちが暮らす日本はとりわけ人口密度が高く、また歴史も長いので、純粋な自然景観は極めて少なく、ほとんどが人の手の入った文化景観である。地形もその例外ではない。自然景観としての平野の地形についての予備知識を得たうえで、その文化景観の側面における諸相の検討に進みたい。次章はその準備のための概観である。

第 2 章

河川がつくった
平野の地形

河川が堆積し、削り残された台地

言うまでもなく、我々が生活する都市や農村が存在するのは、平野であることが多い。山地とは異なり、平野と呼ばれる地形は、関東平野や大阪平野といった、相対的に平坦な土地である。

ところが、関東平野の場合をみれば、武蔵野台地もあれば、利根川流域の平坦な低地もある。例えば、上野公園の台地は標高18メートルほどであるが、すぐ東の東上野から浅草にかけての低地は標高数メートルに過ぎず、浅草寺付近ではわずか2メートル強である。大阪平野でも同様である。大阪城が立地する上町台地は、標高約20メートル強（大阪城南側）であるが、上町台地東側の大阪市東成区や東大阪市の平坦な低地は、標高2～3メートルに過ぎない。

簡単に言えば、平野とは、このように「台地（段丘《だんきゅう》）」と「低地」からなっている平地である。

しかも、台地であれ低地であれ、もともと河川が土砂を堆積してつくった平地の一部である。ただしこの表現には、違和感を覚える方々があるかもしれない。河川が流れる低地はともかく、台地に河川の堆積が及ぶはずはないと、その人は思うかもしれない。

確かに、上町台地の上に河川はない。武蔵野台地でも同様であり、地表を流れる流水があっても、それは人工的に開削して水を引いた用水である。もともとの河川は谷をえぐって、台地より低い谷底を流れている。

しかし、多くの台地では、谷が刻まれていることは多いが、表面は低地と同様に平坦で、掘ってみると同じ流域の低地部分と同じような土や砂礫《されき》である。つまり、これらは河川が台地の表面（段丘面）を流れていた時期に堆積したものであった。

台地は、河川が低いところを流れるようになった時に削られて、削り残された部分であった。削った急斜面が崖（段丘崖《だんきゅうがい》）であり、河川は台地より低いところに再び堆積をして低地をつくったのである。

従って先の表現は間違いではないが、正確を期すとすれば、台地とは、河川が堆積をしてつくった平地が、河川によって削られ（浸食）て、削り残された土地、ということになる。

大阪平野の場合であれば、上町台地とよく似た標高の台地が生駒山地の北端（枚方《ひらかた》市）付近にも見られる。両方とも、かつての河川堆積によってできた土地が、その後に削られて残った部分である。

かつて、そんなに高いところを河川が流れるようなことが、どうしてあり得たのか、という疑問が次に出てくるかもしれない。その理由には、大きく言えば二つの可能性があると知られている。一つは地盤の隆起による堆積面の上昇、もう一つは海水面の上昇である。

地盤の隆起は地殻変動によるもので、日本列島の成立についても、主要な説明としてご存じの方が多いであろう。

もう一つの海水面の上昇のほうは、地球の温暖化によって氷河が縮小し、地表水が増加して海水面が上昇する現象である。もとより寒冷化すればその逆となり、海水面が低下する現象となる。

このような二つの可能性はいずれも、陸地と海水面の位置の相対的な変化（氷河性海水準変化という）となるので、堆積と浸食の現象が発生する。

模式的に表現すると（図2－1参照）、河川は、海水準が高い場合、上流より高い山地部分で浸食し、下流の平野では堆積することになる（A）。

図2-1　海水準変化と堆積・浸食（模式図）

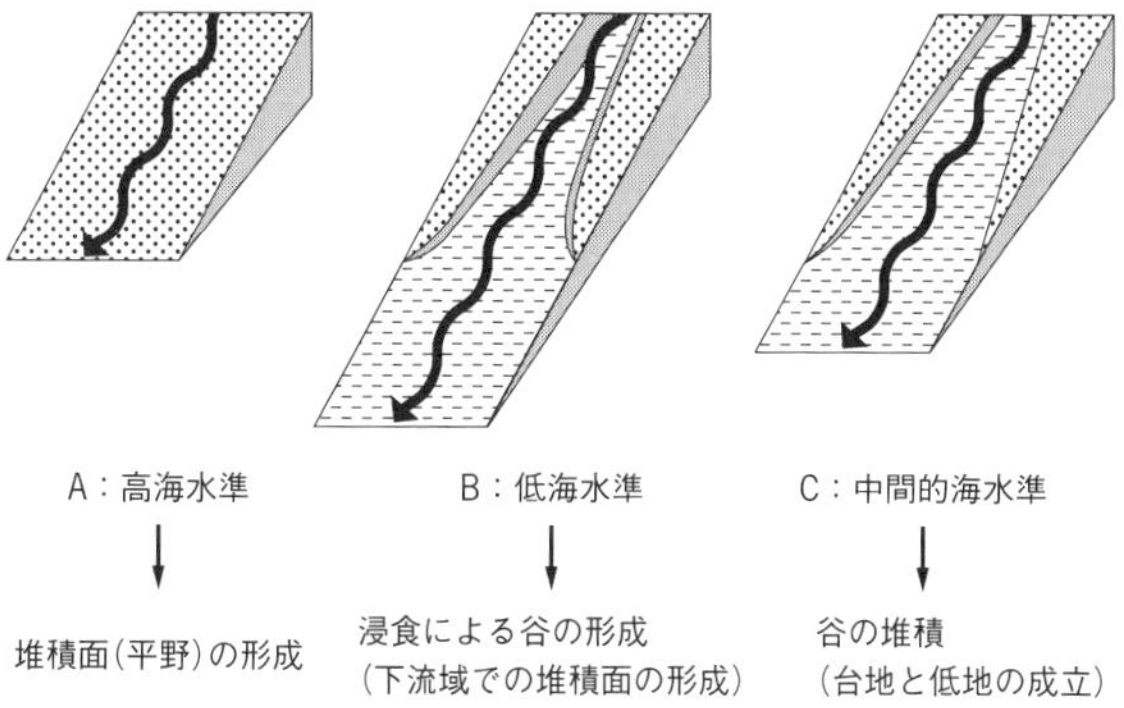

（出所）筆者作成

ところが、海水準が低下すると、それまで堆積していた部分も相対的に高い位置となるので、河川は浸食し始めて谷を形成することになり、その浸食から取り残された部分が、谷に刻まれた地表面として地表に残されることになる（B）。

そのあと海水準が上昇してくると、河川はその谷で堆積（埋積）を始め、台地と低地ができる（C、表紙カバー写真参照、タイトル右下に段丘崖が見える）。

仮にその後、もっと海水準が上昇した場合を想定すると、いったん台地となっていた部分もすべて堆積で埋められることになろう。

実際にはこのような変動が繰り返し発生して

きたので、現在地表に存在する台地は何段もあって複雑である（上のほうの段丘ほど古い時期の堆積）。台地の存在が、かつて高い海水準であった時期の堆積の証拠である。

逆に、瀬戸内海の海底に見られるような、海底を河川が流れた痕跡である河谷《かこく》の存在が、低海水準であった時期の証拠である。この低海水準の時期には、現在は大阪湾へ流入している淀川水系や、瀬戸内海へ流入している、播磨平野の加古川・揖保《いぼ》川、あるいは岡山平野の吉井川・旭川なども、すべて一つの水系となって、紀伊水道付近で太平洋に注いでいたことになる。

このような海水準変化が著しかったのは、しばしば氷河時代（更新世《こうしんせい》、過去約180万年間、洪積世とも言う）と称される時期であった。更新世には、何万年かの単位で、寒冷な気候の氷期と、温暖な気候の間氷期が繰り返された。氷期が寒冷で低海水準の時期、間氷期が温暖で高海水準の時期であった。

氷河が増大したり縮小したりして起こる海水準の変動は、現海水準より最寒期で百数十メートル下の水位であり、最暖期で数十メートル上の水位であった。

実際に、低地の周辺を取り巻く山麓付近には、数十メートルの高さの、何段かの段丘崖と台地（段丘面）が見られることが多いが、それらが海水準の上昇と低下の痕跡である。更新世の温暖期に堆積が進み、寒冷期に浸食されて残った段丘面である。

例えば東京の上野公園の台地と、不忍池をはさんだその南側にある本郷の台地は、同じような高さである。また、大阪の上町台地の東側に広がる低地をはさんだ、その低地の東側を北に延びる生駒山地の北端（枚方市）にも、上町台地と同じような高さの台地がある。低地をはさんだ両側に同じような高さの台地がある場合、同じ時期に堆積した部分が浸食され、その浸食から取り残された部分であることが多い。

約１万年前に、更新世のビュルム氷期（ヨーロッパでの編年の名称、日本でも適用される）と呼ばれる寒冷な時期が終わり、完新世《かんしんせい》と呼ばれる現世（沖積世とも言う）が始まっている。

完新世は基本的に温暖期であり、やや高海水準であるが、地球の地質年代での位置づけは明確にはわかっていない。つまり現世が間氷期の一つで、いずれ氷期に向かうのか、つまりビュルム氷期が最後であるかどうかは不明である。

加えて深刻の度を増している「気候温暖化」が、どのように関わるかも不明と言わねばならないであろう。過去にはなかった、人為的な二酸化炭素増加などによる影響がどうであるか、まだ十分には知られていない。

海水準変化という点では、現世（完新世）でも海水準の微少な変化があったことが知られている。日本では、縄文海進（現在より数メートルの高海水準により、内陸側に海岸線があった）とか、弥生海退（2メートル程の低海水準により、沖合側に海岸線があった）とかの痕跡が知られている。

この状況から類推すれば、例えば仮に温暖化が進んで海水準が上昇することがあったとした場合、おそらく多くの河川において氾濫が増加し、それによる堆積が進行することになろう。

海水準変化の影響はあるものの、日本の低地は、ほとんどが現世において、河川が土砂を堆積してできた平野の一部であることは間違いない。

河川がつくった低地

繰り返しになるが、平野の低地部分がつくられたのは、現世（完新世）、つまり過去1万年ほどの間であり、その間に繰り返された河川の堆積による。

しかし、その堆積物は一様ではなかった。主として流速の変化によって、上流側から下流側にかけて、また河道から近いか離れているかによって、堆積物の粒径《りゅうけい》（大きいほうから礫《れき》、砂、シルト〔土〕、泥土〔粘土〕）や、それらの堆積の状況が異なっている（粒径が大きいほど重い）。

河川上流において、山地から平野への出口（谷口）付近に形成される、やや傾斜のある平地が「扇状地」である。その下流側には「自然堤防」と「後背湿地」が交錯する「自然堤防帯」が広がり、さらに下流側には「後背湿地」の多い「氾濫平野」が見られることが多い。最も下流の海岸・湖岸付近には低平な「三角州平野」ないし「三角州」が形成されている（図2―2参照）。

河川上流の山地の高さや地質、山間の谷が広いか狭いかといった状況、あるいは途中に盆地（広い谷）があるかどうかによって、これらの地形の種類がすべての平野に、必ず形成されて存在するわけではない。

例えば、扇状地が存在しない例（京都盆地の桂川流域〔上流の亀岡盆地があるため〕、京

図2-2　低地の地形

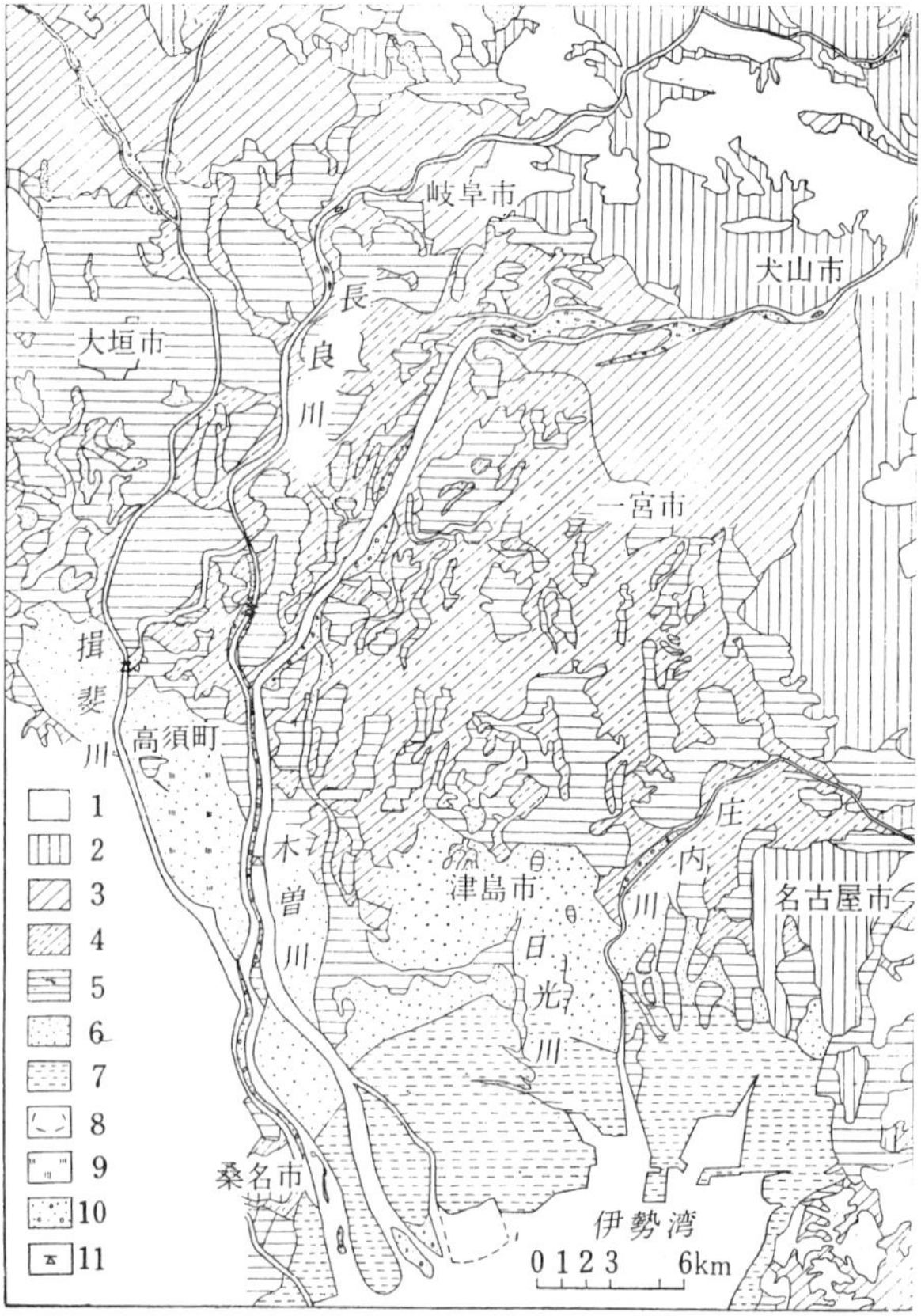

（凡例）1. 山地　2. 台地（段丘）　3. 扇状地　4. 自然堤防　5. 後背湿地　6. デルタ
7. 干拓地　8. 歴史時代に海没したことのある干拓地　9. 湿地　10. 河原
11. 感潮限界
（出所）大矢雅彦『河川の開発と平野』

都市）とか、氾濫平野や三角州が存在しない例（黒部川流域、富山県）などの状況が知られている。しかし、このような存在しない地形部分があったとしても、同じ平野内でこれらの地形の種類は、上流から下流へと配置する順序が逆転することはない（途中で新たな土砂が供給される場合は別）。

扇状地が谷口から下流側に形成されるのは、上流側の山地部分では浸食作用が大きく、谷を刻んできた河川が、平地に出て流速を弱め、運んできた土砂を広く堆積することによる。

扇状地の上流側や河道沿いには、一般に砂礫が多く堆積し、下流に行くにしたがって堆積量が少なくなるので、上流側から下流側へと緩やかに傾斜しているのが普通である。しかも河道に近い部分では、洪水が拡散して流速が急に衰えるために堆積物が多い。そのため周囲より相対的に高くなるので、洪水の際に河道の位置が変わることが多い。

それを繰り返すことによって典型的な場合、堆積地は扇形に広がることになる。一般的に規模の大きな扇状地では、堆積物が広く展開することになって、緩やかな傾斜であることが多い。逆に小規模な扇状地には、急傾斜のものが多いが、これにはさらに多様性があるので、後に改めて触れたい。

さて扇状地の扇端より下流側には、「自然堤防帯」が形成される場合が多い。洪水の際に河道沿いでは、流速が相対的に速い水流が、氾濫によって急速に流速を落として土砂を多く堆積することが多い。その結果、微高地（自然堤防）を形成し、その背後では、泥水が及ぶものの、流速が弱まるか、ほとんどなくなって滞水する。その結果、底に泥土が沈殿することが多く、低湿な低平地（後背湿地）となることが多い。

このような自然堤防と後背湿地をつくる洪水堆積は、現在の河道のみならず、かつて河道であったところ（旧河道）でも起こっていた。従ってこのような自然堤防帯では、自然堤防と後背湿地が複雑に交錯して分布する平地となるのが普通である。

自然堤防帯のさらに下流側では、洪水が起こっても自然堤防帯に比べて堆積する土砂が少なく、大半の堆積物は泥土となる。従って、自然堤防に類似した堆積は少なくなり、後背湿地に類似した低平な土地が多くを占める。この部分は、「氾濫平野」と分類されることが多い。

氾濫平野のさらに下流側では、河道沿いの小規模な自然堤防を除けば、堆積物としてほとんど泥土しか及ばず、きわめて低湿な低地が広がる。この低平な土地を「三角州平野」と分類する場合が多いが、平野によってはさらに下流側の三角州との区分が困難な場合もある。「三角州」は、典型的には最下流の海岸や湖岸に形成される低湿な堆積地であり、前述のように三角州平野と一括して三角州と称されている場合もある。三角州は低平なので傾斜がほとんどなく、しばしば河道が分流して複数の河口となったり、河口付近で河道が曲流（蛇行）したりしている状況が見られることがある。ただし三角州の形成には、海岸や湖岸の水流（沿岸流）が関わっている場合も多く、状況は複雑である。

これらの地形は、基本的に河川が自然の営力によってつくったものである。人の手が加わっていなければ、つくられた地形は自然景観であり、あるいはそれを構成する要素である。

しかし実際には、日本に自然景観のままの平野の地形が存在する場所はきわめて少ない。日本では多くの人々が暮らし、長い歴史を経てきたのである。その経過の中で、何らかの形で人工的な改変が加えられ、人の営力が加わった文化景観となっている場合がほとんどである。

文化景観としての河川や平野については後に改めて紹介するとして、次には自然景観のままの河川や平野について、もう少し概観を続けたい。

鉄砲水がつくる山麓の小扇状地

平野縁辺部の山麓では、小規模な扇状地が形成されていることがある。小規模な河川が谷口付近に形成するのが代表的な例であり、小規模であるのに加えて急傾斜であることが多いのが特徴であることはすでに述べた。

山麓におけるこのような急傾斜の小扇状地を形成した過程そのものは、扇状地一般と大きく変わらない。堆積している物質もまた、ほとんどが砂礫質であるのが普通である。ただし時に、堆積物の中に岩石（岩のかけら）が見られることもある。緩やかな傾斜の大扇状地の場合は、洪水が流下する際に水底を転がって摩耗した、いわゆる川原石のような、丸い形状の砂礫でできているので、このような岩石の存在が一つの違いである。

また多くの場合、急傾斜の小扇状地上には、実際に河流が見られることは少なく、大雨による増水時や洪水時にだけ、水流が河道を流れるのが普通である。このような急傾斜の小規模な扇状地をつくった河川は通常、堆積物が砂礫質であるために、地表水が地下へ浸透してしまうからである。

すでに述べたように、洪水の水流が運んだ土砂が堆積するのは、扇状地に共通する状況である。しかし、急傾斜の小扇状地の堆積物に岩石が含まれるのは、単なる洪水によるものでなく、豪雨時に発生する、いわゆる鉄砲水によるものであることが多い。

鉄砲水とは、激しい集中豪雨などの折に、山腹の小さな谷が崩れていったんせき止められ、やがてそれが崩壊して、土砂や岩石と共に急速に谷口へと押し出される現象である。

この場合には長距離を流れず、谷から押し出されるように動くので、岩やその破片は摩耗せず、角がとがったままであることが多い。逆に、山麓における急傾斜の小扇状地に、このような岩石が含まれていれば、かつて鉄砲水が発生したことを、物語っていることになる。

さて、急傾斜の小扇状地がつくられるのは山麓であるので、山麓に沿ってこれらがいくつも横に並んで、複合扇状地を構成している場合もある。このような扇状地は、緩やかな傾斜の大扇状地の縁辺に覆いかぶさっている場合もあれば、自然堤防帯や氾濫平野・三角州平野などの縁辺山麓にできている場合もある。

例えば生駒山地の西麓には、急傾斜の小扇状地が並んでいる。現在は市街地となっている

図2-3　生駒山地西麓の小扇状地群

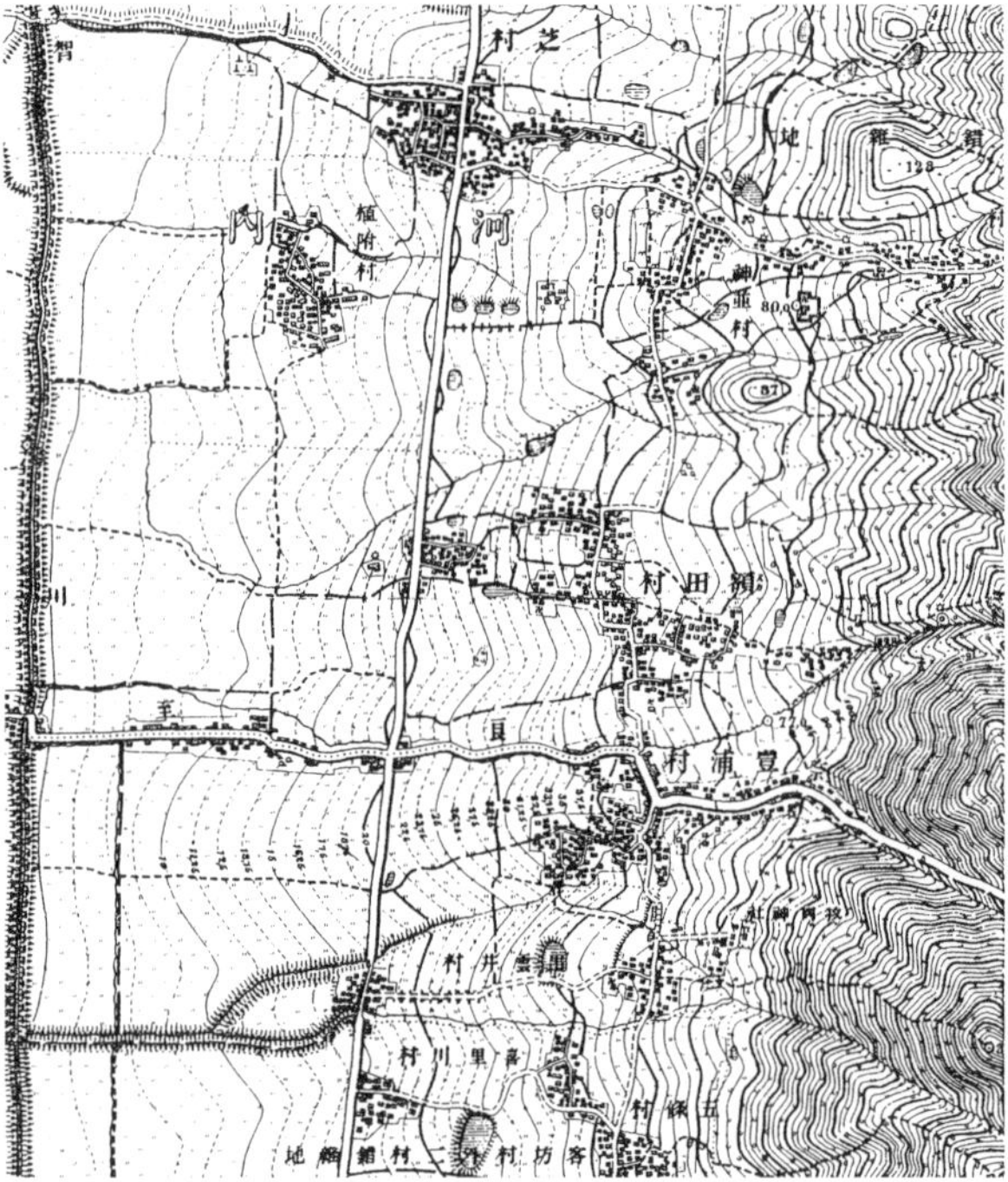

（出所）仮製2万分の1地形図「生駒山」

場合が多く、地形の原形は不明であるが、旧版地形図では、図２－３のように、生駒山麓と恩地川との間の１〜１・５キロメートルほどが、扇状地の連続する複合扇状地である。

　また比較的大きな河川が、上流部に盆地や谷底平野を形成しているような場合、その盆地や谷底平野などが、急傾斜の小扇状地と類似した堆積によってできていることもある。

　ところでこのような急傾斜の小扇状地は、山崩れによる崩壊地と異なることに注意しておきたい。成因が単なる洪水であれ、鉄砲水であれ、急傾斜の小扇状地を形成したのは河川である。これに対して山崩れは、豪雨や地震などによって発生する場合が多いのであるが、山崩れについては、後に改めて紹介する。

　平野の文化景観としての様相は後に見ていくが、その前に河川および河道そのものの自然の状況をもう少し概観しておきたい。

網目状に流れる川、蛇行する川

　急傾斜の小扇状地上を流れる地表流が、地下に浸透して地下水となり、通常は河床に水流が存在しない場合が多いことは、すでに述べた。緩傾斜の大扇状地であっても、水流が地下へと浸透してよく似た状況となる場合もある。これらの場合、扇状地の下流側の端（扇端）から、地下水が湧水として地上に出て、そこから再び地表の河流となって流下することが多い。

例えば京都の旧市街を流れる鴨川は、上流で賀茂川と高野川が合流して鴨川となり、北から京都駅の南側付近までの扇状地をつくっている。従って北部の谷口には、賀茂川と高野川の扇状地がつくられている。

明治時代の仮製2万分の1地形図では、賀茂川と高野川には水流が存在せず、従って、渡河する道にも橋は存在しない。河道に水流が現れるのは、下賀茂神社（糺《ただす》の森）からの水流が流入した後の鴨川となってからである。

また、いずれの扇状地の場合であっても、氾濫や堆積を繰り返すと共に、河道そのものも移動することが多いので、扇状地上にはかつての河道（旧河道）が幾筋も見られることがある。

このような河道を通常の水流が流れている場合には、とりわけその状況がある程度継続すると、水流は緩やかな湾曲の外側（攻撃斜面側）を少しずつ削り、曲がりくねって流れる。このようにして中洲をこしらえつつ、河床を網目状の水流（網状流）となって流れる場合が多い。もちろん増水・洪水の際には、これらは関係なく一面の激流となる。

図2－4は河道の復原の例であるが、この状況の一端を表現している。現在の多くの河川は堤防で河道を固定されているが、とりわけ扇状地上では、通常の水流は、堤防内の河道のごく一部の細流として蛇行しつつ流れており、時には分流したり、合流したりしている。人工的な堤防が存在しない状況を想定すれば、このような分流・合流を各所で繰り返す、網状流と表現される河流の状況となるであろう。

氾濫平野や三角州平野を流れる河川は、このような網状流となることは少なく、通常は1本の河川として流れている。ただし河道そのものが湾曲することは多い。河道は1本であっても、湾曲が次第に大きくなったり、曲流（蛇行）を短絡した河道と、取り残された河跡湖《かせきこ》（三日月湖）とに分かれたりする場合もある。この

図2-4　網状流の河川

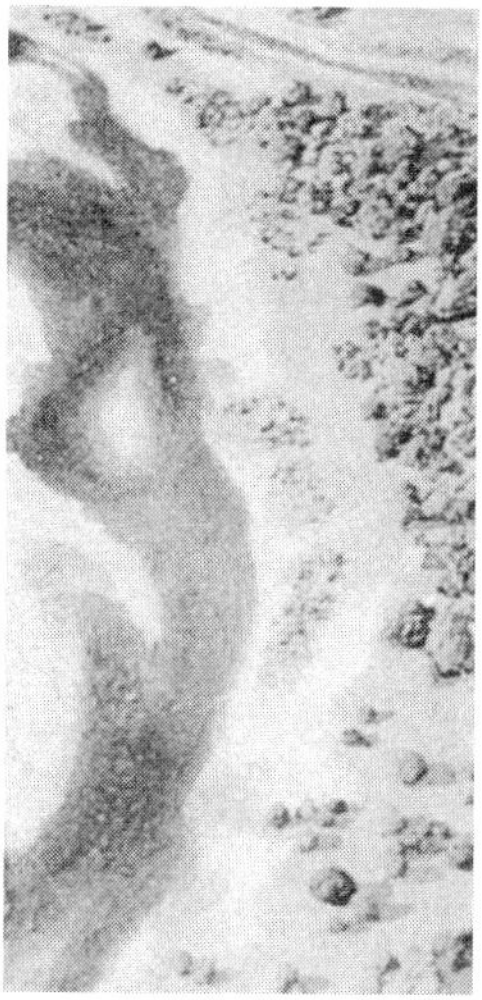

（出所）「平安京復元模型」（京都市）

具体的状況については、次項で日野川・足羽川《あすわ》（いずれも福井県）の例を紹介したい。

一方、河川最下流の河口付近では、三角州上において分流や曲流が見られることが多いこともすでに述べた。これらは、傾斜がほとんどない三角州上であることが一つの理由であるが、湖や海の沿岸流の影響もある。沿岸流によって、その上流側の土砂が運ばれて、沿岸に堆積するからである。

沿岸流による堆積の結果、沿岸に細長く堆積した砂州によって、湖の本体や海からほとんど遮られて、半ば孤立した水面が形成されることもある。

琵琶湖ではこのような付属湖は「内湖《ないこ》」と呼ばれ、大中の湖（滋賀県近江八幡市・東近江市、図2－5）はじめ、かつては数多く存在した。

海岸では、日本海岸の東郷池（鳥取県東伯郡湯梨浜町）や放生津潟《ほうじょうづがた》（富山県射水市）、八郎潟（秋田県南秋田郡大潟村）など、太平洋岸では浜名湖（静岡県浜松市・湖西市）や田子の浦（静岡県富士市）など、きわめて例が多い。

これらは一般的に、「潟湖《せきこ》」と分類されることが多い水面である。日本三景の一つとして有名な天橋立（京都府宮津市）もこの例に含まれる。砂州が湾奥を区切る形に延びて、西側

図2-5 大中の湖（滋賀県近江八幡市・東近江市）

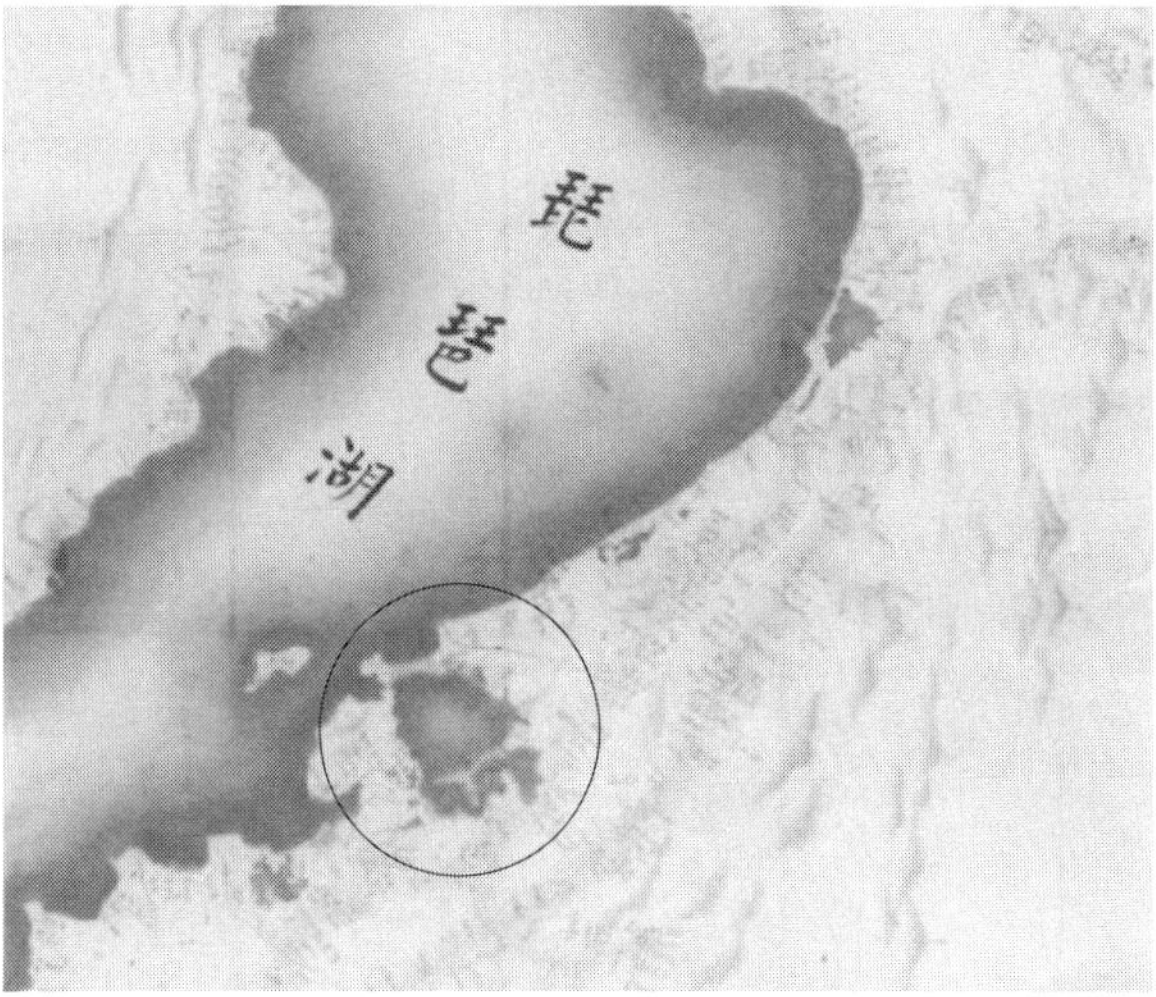

（出所）国土地理院古地図コレクション

に阿蘇海と呼ばれるほとんど内水に近い水面をつくっている。

ただしこれらの場合も、今や自然景観のまま存続するものはほとんどなく、干拓（大中の湖や八郎潟）や埋め立て、あるいは港湾化（放生津潟、富山新港となった）などによって姿を消している。またそうでなくても、護岸施設などの建設によって、大幅に人工が加えられている場合が多い。

天橋立の場合は、歴史的に砂州上が松林として維持されてきた。近年は沿岸流の上流側から、阿蘇海の砂の投入によって、砂州の浸食を防いでいる。

河道は変遷する

扇状地上の河道が、洪水などを契機として変遷する例が多いことはすでに述べた。扇状地上ではなくても河道が変遷することも指摘した。ただし、現在の日本では、自然景観のままの河道がほとんど存在しないので、地層などで確認でもしない限り、自然に発生した河道の変遷を確認することは難しい。しかし幸いにして、8世紀の詳細な地図群である東大寺領荘園図などが、貴重な例を提供してくれる。

図2－6は、その内の一面、天平神護2年（766）越前国足羽郡道守《ちもり》村開田地図（正倉院宝物）が表現している状況の概要である。この地図自体は、麻布《あさぬの》に描かれたもので、損傷や劣化のために読み取りにくいが、いろいろな角度から研究が行われ、地図の精度や記載内容についても分析が進んでいる。

同図は北を上にして描かれており、東に「木山・寒江山・船越山・黒前山」など、西南に「難糟山」などと標記された山々が描かれている。西側の曲がりくねった帯状の表現に「味

図2-6　道守村図の概要

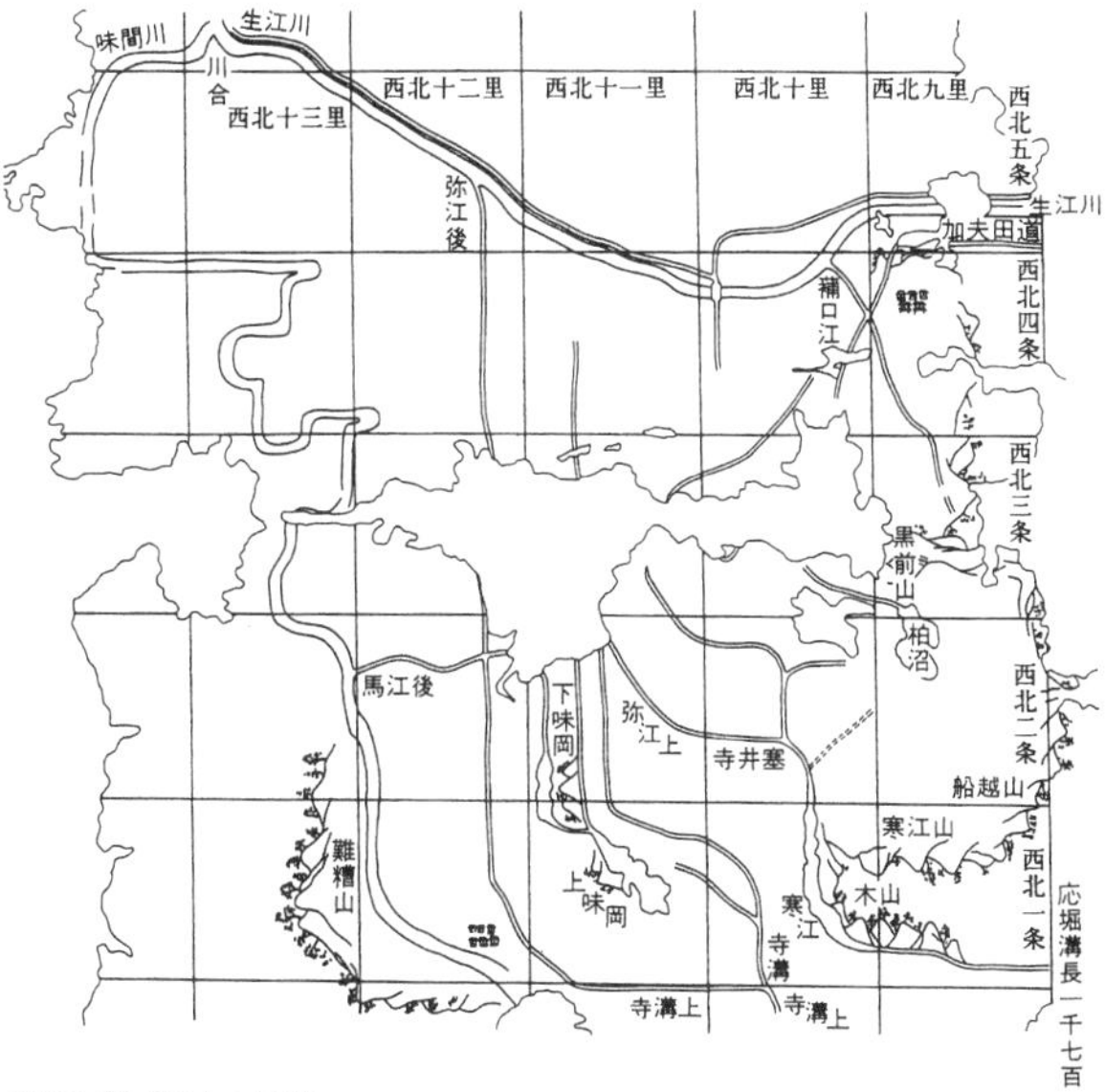

（出所）『古代日本の景観』

間川」と標記され、北側に描かれている帯状の表現には「生江川」と標記されている。

　全体に碁盤目状の線（条里プラン）が描かれているが、概要図に示したのは、そのうちの一辺六町（６５４メートル）の「里」と呼ばれる区画である。

「里」の東西列は「条」と呼ばれ、南北に「西北一条」から「西北五条」まで表現され、東西には「西北九里」から「西北十三里」の名称が記入されている。

「西北」は、4象限に区分された足羽郡における、西北部（第2象限）の条里呼称であることを意味する。

この荘園図が示す「道守村」は、福井市西郊の足羽山・兎越《おさごえ》山一帯の西方と、現在の福井市片粕《かたかす》町の間に広がる低地の北側付近一帯である。荘園図の「難糟山」が、「かたかすやま」と読まれたであろうことも判明する。従って明らかに、「味間川」が現在の日野川に、「生江川」が足羽川に相当する。

この荘園図の位置を地形図上に示すと、図2－7のような位置となる。同図の基図は、この付近が市街化される以前、明治42年（1909）の2万分の1地形図である。一帯には、水田を示す記号が多いが、ところどころに記号のない部分（畑）もあり、畑はわずかな微高地であったことが知られる。先に述べた平野の地形分類によれば、氾濫平野ないし三角州平野に相当することになる。

両方の図を見比べてみると、766年の状況と1909年のそれが、全体としてはよく類似しているとみられる。とりわけ荘園図の山の形状の表現は、実際の山の印象をよく描いて

図2-7　道守村付近の地形図

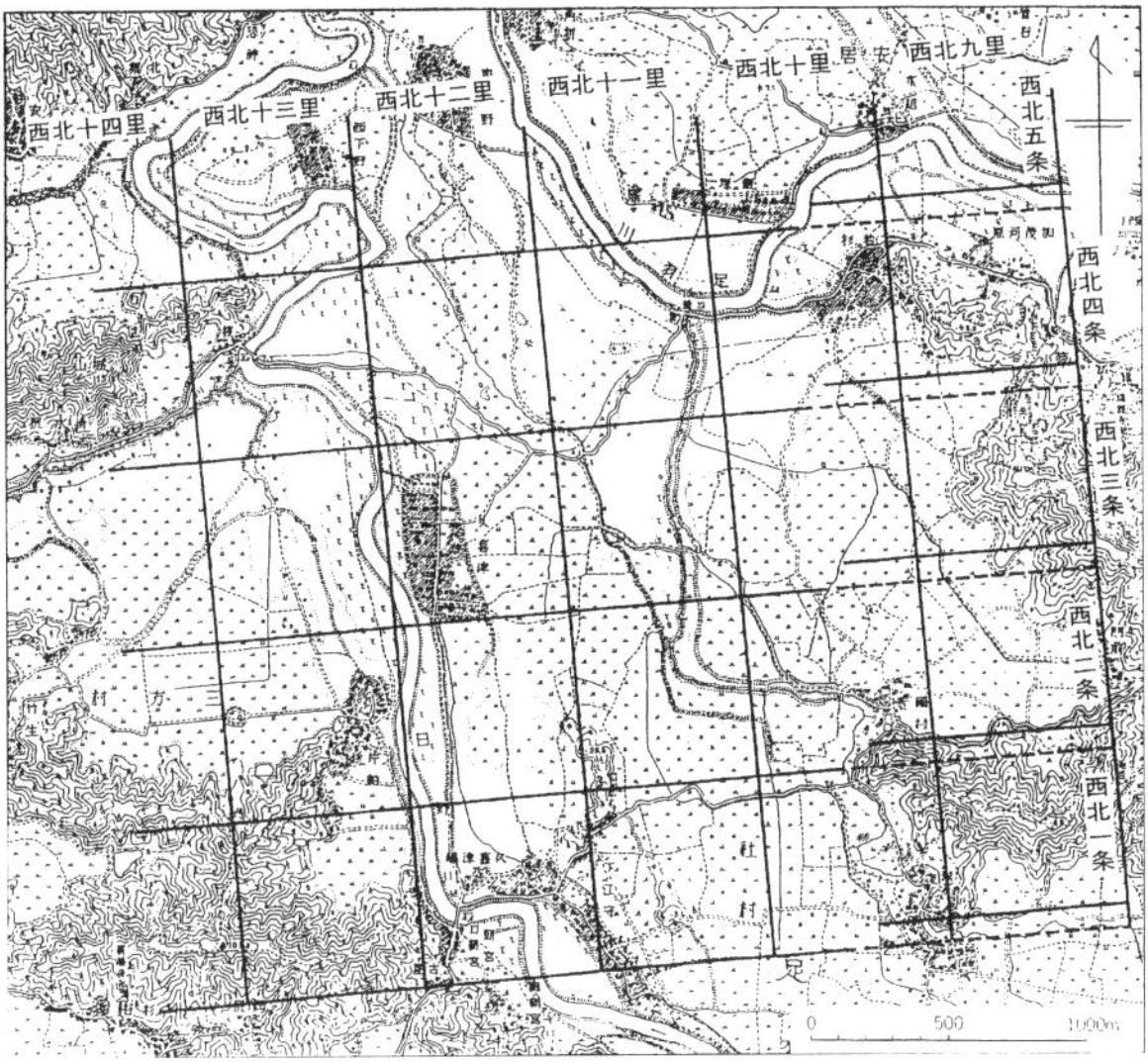

（出所）『古代日本の景観』

いる。山の位置の微妙なずれが問題ではあるが、ここでの紹介に影響しないので、詳細に述べた別書（『古代日本の景観』）に譲ることにしたい。

　ここで注目したい大きな変化は、むしろ川の形状である。荘園図において、「味間川」と「生江川」の合流点（「河合」）は、「西北十三里」のすぐ北の区画に描かれていたが、地形図の日野川と足羽川の合流点は、これよりはるか北方に相当する位置であり、図２―７の範囲外となる。

　これに伴って、この合流点近くの日野川の流路は、「味間川」のそれより屈曲が大きく、その少し上流側（南側）の部分（地形図の久喜津集落「西北三条十二里」）の西側では、逆に屈曲がほとんどなくなっていて、緩やかな曲線状になっている。

　一方、荘園図の「生江川」は、緩やかな曲線で南へ湾曲したように描かれていて、東端付近ではほとんど直線状である。ところが地形図の足羽川は、東端付近が大きく北に張り出して屈曲し、中央は大きく南へ張り出して、全体の湾曲を強めている。足羽川の西端が大きく北へ向かって、日野川との合流点が北方へと動いていることはすでに述べた。このような荘園図の流路の表現は、基本的に8世紀当時の河道の状況をほぼ正確に描いていると判断されるので、地形図の状況へと河道が変遷したものとみられる。

屈曲が大きくなる場合、小さくなる場合

　ところで、この荘園図と旧版地形図の作製年は、1143年の年代差がある。その1100年余の間に、なだらかな湾曲部分の曲がり方が大きくなり、大きな屈曲を示してい

た部分は、その屈曲がさらに大きくなるか、逆になだらかな曲線になっているかのいずれかであったことになる。

このような変化の原因の一つは、氾濫平野や三角州平野における、河道の水流自体の営力である。河道は基本的に、河川の湾曲部分（曲流）の突出側（攻撃斜面側）の水流の距離が長く、流速が速くなって攻撃斜面側への浸食を進め、逆に曲流の反対側では距離が短く、流速を弱めて堆積作用が大きくなる。その結果、水流の曲がり方をさらに大きくする変遷をたどることとなる。

もう一つの原因、逆になだらかな流路となるのは、曲流が極端に大きくなった場合に発生することのある現象である。曲流が極端に進み、曲流の突出と次の突出との間が次第に狭い間隔となってしまい、ついには増水時に短絡してしまう結果である。

このように、大きな曲流が逆になだらかな曲線の河道となる例は、著しい曲流部分が三日月湖（河跡湖）として、河道から切り離されて残るのが典型的なパターンである（図２−10参照）。日本では、北海道の石狩平野や根室湿原の河道において、河跡湖の例が見られる。

もう一つ、河道の変遷を歴史的にたどることのできる、別の例を挙げておきたい。

図2-8　山城国上野庄差図

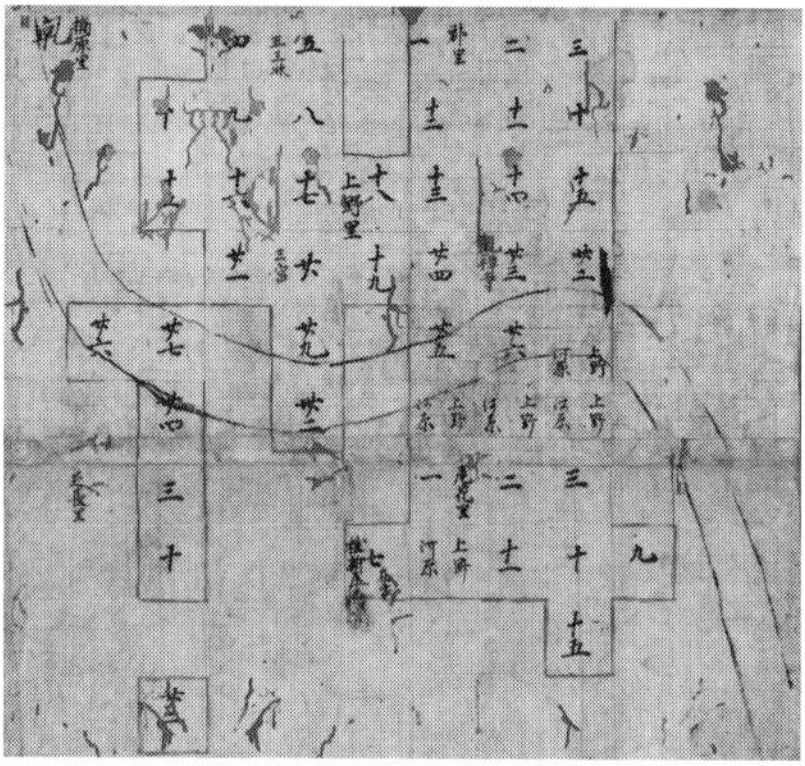

（出所）東寺百合文書（京の記憶アーカイブより）

図2-9　桂川の河道変遷

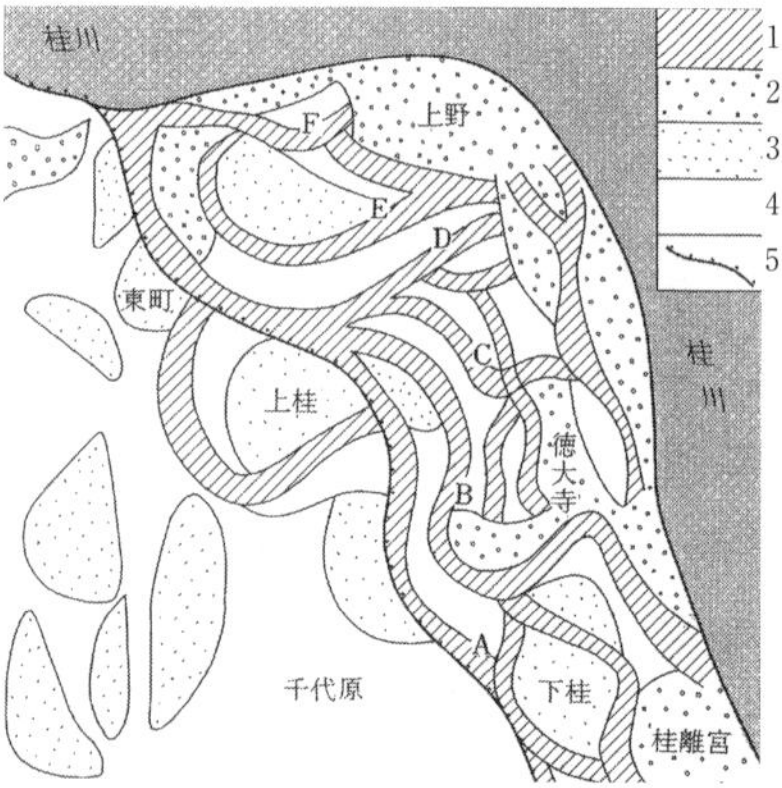

1 明瞭な旧河道　2 自然堤防などの微高地　3 河間・中州などに起因する微高地　4 高水位時の河川敷、不明瞭な旧河道、不明部分など　5 小崖

（出所）『微地形と中世村落』

図２－８は、正和５年（１３１６）ごろの「山城国上野庄差図」（東寺百合文書、京都府立京都学・歴彩館蔵）と呼ばれている絵図である。この絵図中の河道は、一見すると現在の河道とよく似た湾曲を示しているが、表現された方格（条里プランの里）の里名や、河道の南北に位置する後の集落名などとの対比から、現状の桂川の位置とは大きく異なっていることが知られる。

さらに、この付近一帯が市街化する以前の空中写真によって、旧河道の在り方を見ると、図２－９のように多くの紐が乱れたようになっていて、河道が何回にもわたって変遷したことが知られる。

このうち、Dとした旧河道が図２－８に表現された14世紀前半の桂川河道であったと推定される。一方、別の史料との対比から、Aが9世紀の河道であったことも判明する。桂川は9世紀以来、洪水のたびごとに北東方向へと河道を変遷したと考えられることになる。さらに河道変遷とともに、湾曲の程度が大きくなっていることも知られる。

また、空中写真にみられるこれらの旧河道の多くは、幅30～40メートル程度であった。現在の河川敷に比べて、かつての通常の川幅が随分狭かったことを示している。当時は、増水時に洪水として溢流《いつりゅう》したり、他の旧河道へも流入したりしたと考えられる。従って通常の川幅は、それほどの規模を必要としなかった。図2－9のような旧河道は、こうした河道の状況であったことを示すものであろう。

一方、両岸を堤防に囲まれた現在の桂川の川幅は、150～200メートルあり、場所によってはそれ以上ある。しかし通常において、上野（桂）荘比定地付近で水が流れている部分は、やはり30～40メートル程度であることが多く、むしろ旧河道の幅に近い。とはいえ増水時には、堤防内の幅一杯に水が流れている。現在の川幅は、増水時の全水流を流下させるためのものであることが大きな違いである。

ここで取り上げた、日野川（味間川）と足羽川（生江川）、ならびに桂川の河道変遷の例は、いずれも自然の営力によって発生した、典型的な例である。

河道沿いにできる微高地と背後の低湿地

すでに述べたように、増水した河流は流速が速くなって河道の湾曲部分の外側（攻撃斜面側）を浸食し、反対側の流速の遅くなった部分（滑走斜面側）に土砂を堆積する。

また増水した河流は、激流となって下流へと流れるだけでなく、出口を求めて流出することも珍しくない。出口があった場合は、そこから水流が広い場所に拡散するために、流速は急激に遅くなる。流速が遅くなると、濁流に含まれた土砂が一挙に堆積する。

このようにして河道近くには、堆積した土砂のわずかな高まり（微高地）ができることが多い。この微高地の典型的な例が「自然堤防」であり、先に説明した自然堤防帯には、それがとりわけ多く分布する。自然堤防は、下流側の氾濫平野や三角州平野にも多く存在する。ただし自然堤防帯に比べて、一般に規模が小さく、平野に占める全体比率も低い。

いったんこのような微高地が形成されると、次の増水時の濁流は、増水の程度によって異なるものの、この微高地にぶつかって流速を弱めたり、流速が減じられたりして、さらに土砂を堆積することになる。この繰り返しが、微高地の増大につながる。

一方、河道から見て微高地の背後には、ある程度土砂を堆積した後の濁水が流入して拡散し、流速を弱めて滞留することも多い。そこでは、濁水に含まれていた泥土が沈殿する。このようにして、自然堤防などの微高地の背後には低湿地が広がり、「後背湿地」と呼ばれる（図２―10、デルタおよび高・中・下位泥炭参照）。

図2-10　自然堤防と後背湿地

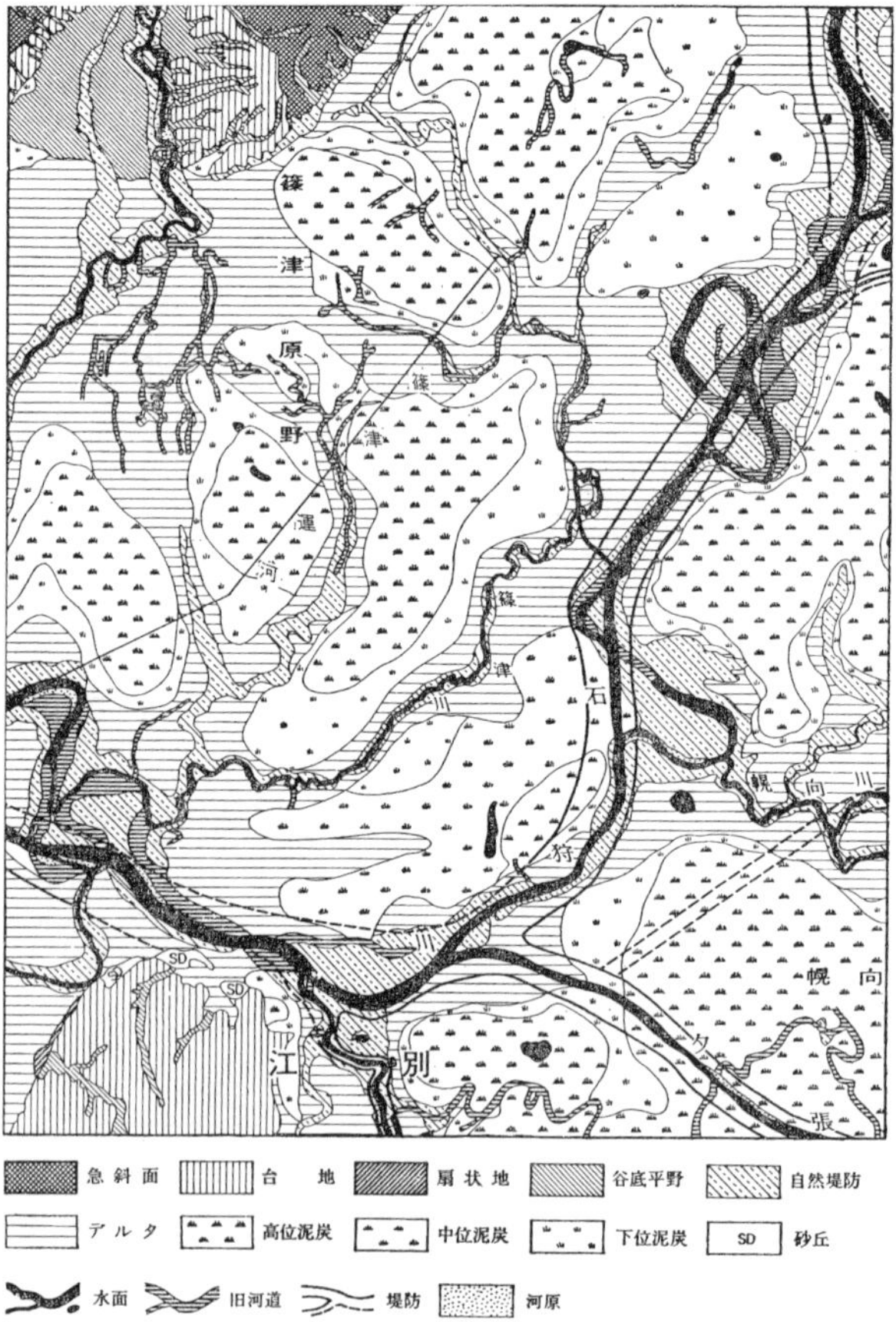

(出所)「石狩平野（篠津原野）周辺地形分布図」(大矢雅彦『平野の地形』1966年)

ただし、このような河川の営力だけで形成された、自然景観としての自然堤防帯が、そのまま存在する場所はきわめて少ない。ほとんどが人の手によって文化景観へと変えられている。一般的には次のような状況である。

まず自然堤防のような微高地は、激しい洪水でなければ、多少の増水の被害を受けることは少ない。従って歴史的には、人々の居住地として選ばれて集落が形成されることが多かった。そうでなくても、水流より土地がやや高いため、水田耕作が難しく、畑として利用される場合も多かった。

一方、後背湿地は泥土で構成され、しかも低平なので、田植え前後から数カ月の湛水を必要とする、水田として利用されることが多かった。集落と水田、ないし畑と水田の土地利用からなる、自然堤防帯としての文化景観である。

先に紹介した、図２－７の道守村の荘園図が表現する一帯には、水田部分が多いものの、畑部分もあったことを想起したい。典型的な三角州平野における、文化景観としての在りようを示している。

旧道守村付近にかかわらず、自然堤防が集落や畑地として利用され、後背湿地が水田として利用されている状況は、農村地帯であれば各地で確認することができる。

後背湿地と遊水地が果たした役割

後背湿地が水田として利用されることが多いことはすでに述べた。後背湿地は、増水した時や、洪水が発生した時に水が滞留しやすく、そこに滞留する分だけ、結果的に本流の水量を減じて、激流を緩和する役割を果たしてきた。

表現を変えると、後背湿地に流れ込む洪水が強い流れでさえなければ、一時的に水が滞留し、また静かに水が引く状況が期待されるとも言うことができる。この場合、水田としての土地利用に限定されているのであれば、稲の収量が減じるなどの被害を受けることは避け難いが、それは壊滅的な被害とはならないであろう。

このような洪水緩和の役割を、大規模な形で果たしたのが遊水地であった。自然の遊水地とは、しばしば著しく増水した河流が滞留する場所に出来た、いわば大きな水たまりである。

著名なものの一つが、群馬県邑楽《おうら》郡板倉町の利根川と渡良瀬川の合流域である。群馬県北部や、西北部の山地の諸河川の水を流す利根川と、栃木県日光山地や群馬県中東部の河川を

図2-11　渡良瀬川遊水地

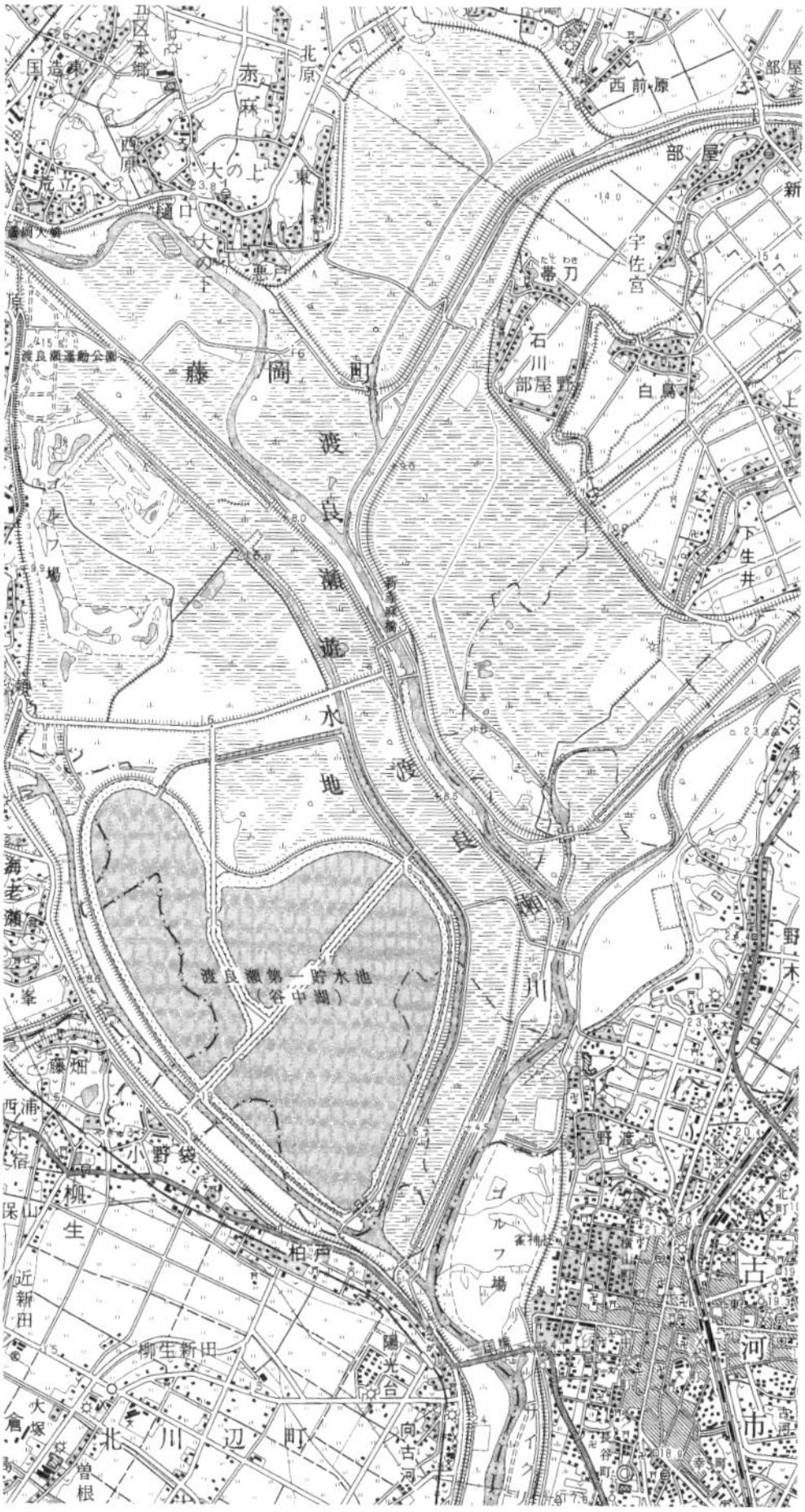

（出所）5万分の1地形図「古河」

集めた渡良瀬川が合流する付近の北側一帯には、下流の河道が流下させられる水量を超えて、水が集中することがある。

その際に、増大した水量がどうしても広い水面を形成し、滞留する場合があり、水面が出現する。これによって、結果的に水量の一時的な緩和の役割を果たし、下流の洪水被害を抑えることができた。

本来は流水量の増大によって出現した自然景観であるが、その遊水地の維持管理や、水場利用などの形で人々がかかわり、文化景観へと変化した部分がある。利根川と渡良瀬川が合流する付近においてそれが残っている場所（群馬県邑楽郡板倉町）は、文化財としての重要文化的景観「利根川・渡良瀬川合流域の水場景観」に選定されている（図2－11）。

もう一つの例は、河川が流域の途中で狭い峡谷などを通る地形条件のためにしばしば出現したものである。狭隘《きょうあい》な地形の部分が、増水時の水量を流すことができず、その上流側に滞留する場合に出現した。

京都府を北部から南へ流れ、南部で淀川と合流する桂川（上流部は大堰《おおい》川、次いで狭隘な山中は保津川と呼ばれる）が一つの典型例である。桂川は、上・中流域で亀岡盆地を形成

図2−12　大堰川の遊水地

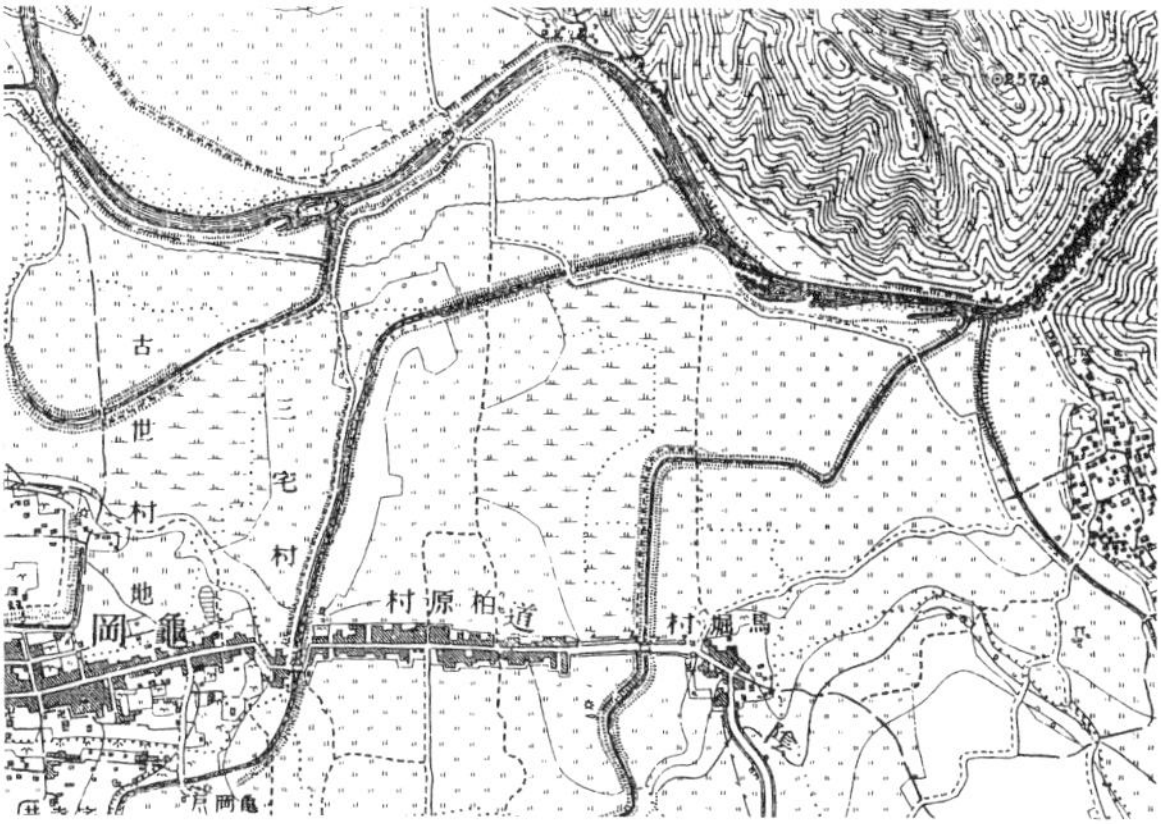

（出所）仮製2万分の1地形図「愛宕山」

し、その下流側で保津峡を流れる。保津峡は狭隘なので、上・中流域で増水した場合、その流量をそのまま流下することができず、保津峡の入り口付近（亀岡市街北東部）で滞留することが多かった。

図２－12は明治22年（１８８９）測量の２万分の１仮製地形図である。亀岡市旧市街と北側の大堰川の間は水田地帯であり、集落は存在しない。水田は当時の「陸田（ほぼ後の水田）」と「水田（ほぼ後の湿田）」とされ、湛水《たんすい》が多かったことを推測させる。

ただし、そこに水が滞留するだけであるならば、後背湿地と同様に水田の被害は壊

図2-13　明治時代の巨椋池

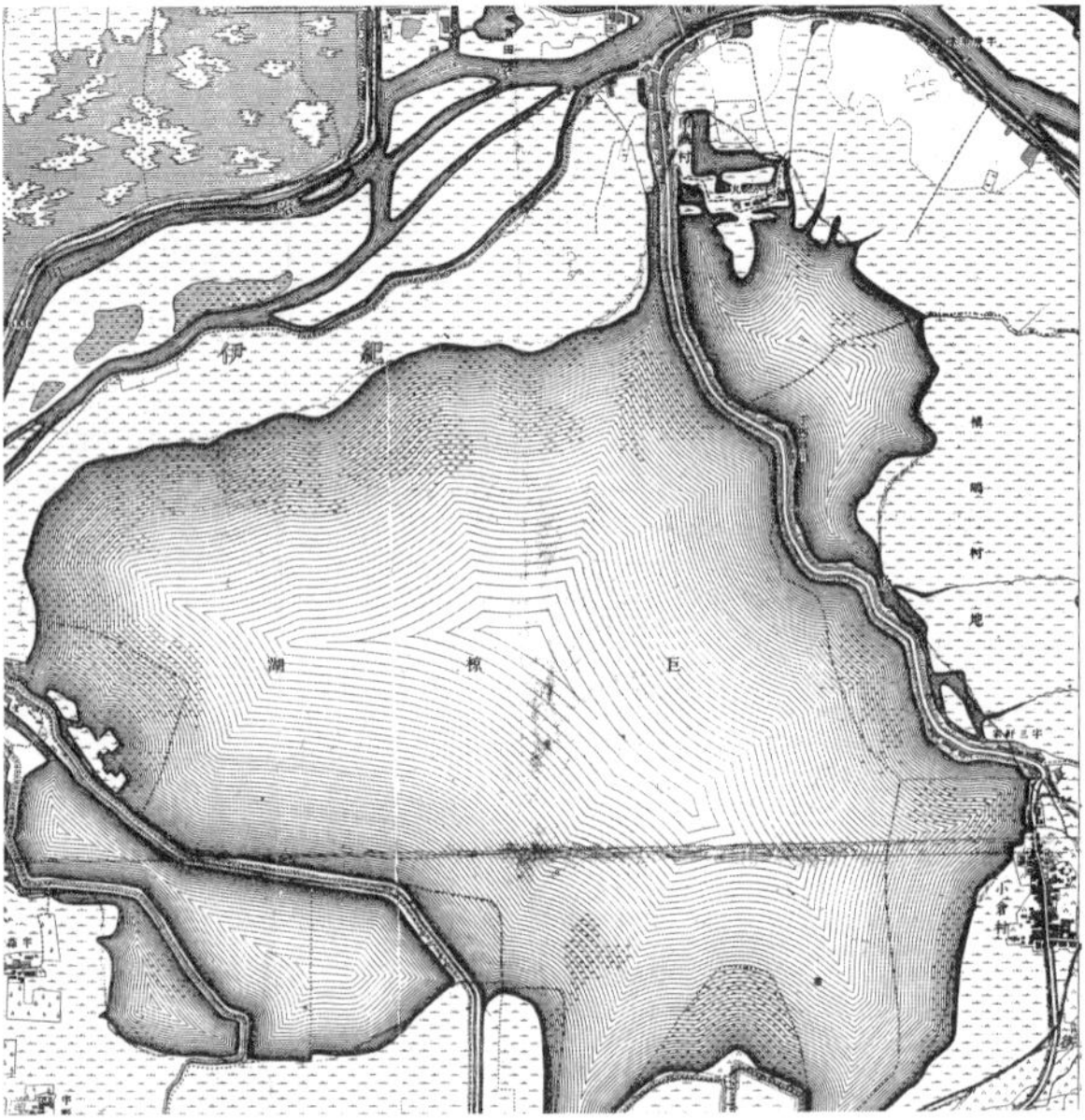

（出所）仮製2万分の1地形図「淀」

滅的ではなかったであろう。ところが現在では、広い空間を確保できるために、住宅を始め、各種の都市施設が多く立地し、水の滞留そのものが大きな問題となっている。

また、令和元年（２０１９）の台風19号によって発生した、千曲川の氾濫は記憶に新しい。多くの人が報道写真に接したと思われるが、長野市穂《ほ》

写真2-1　水害への備えとして造られた段蔵（大阪府高槻市）

保地先《やすちさき》における堤防決壊による被害の大きさは、目を覆うばかりである。この付近もまた、保津峡上流部と同じように、増水した千曲川が氾濫しやすい地形条件付近であり、歴史的にもしばしば水害を蒙ってきた。被害が大規模となった背景についても保津峡上流部と類似の状況があるが、この点については、改めて述べることとしたい。

さて桂川の下流域では、桂川だけでなく宇治川や鴨川、木津川などが合流して淀川となる。この淀川もまた、山崎の狭隘部を通過することになり、合流地帯の上流側には、かつて巨椋池《おぐらいけ》と呼ばれた池沼が広がって、やはり遊水地の役割を果たしていた（図2－13参照)。

巨椋池に流入していた宇治川は、16世紀末に人工的に河道を付け替えて巨椋池と分離され、明治元年(1868)には水害を契機に木津川もまた河道を付け替えて分離された。

これらの河川が合流して1本となった淀川も、しばしば洪水を引き起こした。淀川沿いの水害常襲地では、段蔵《だんぐら》と称する写真2—1のような土蔵を建設することが多かった。水害への備えであった。

巨椋池そのものも昭和8年(1933)~16年に干拓されて消滅したので、その遊水地機能は失われた。

今や巨椋池のみならず、遊水地および遊水機能を果たした日本各地の水田地帯の多くは、すでに消滅している。しかし、この機能は有効性を失っておらず、人工の一時的貯水池を建設している場合がある。農地をつぶして掘削し、臨時の貯水池とする場合と、大都市の地下に巨大な地下水路を建設する場合である。

なぜ川沿いに住宅団地や工場が多いのか

これまで述べてきたように、河川沿いには後背湿地や遊水地、あるいはそれに類した低平な土地が多く、河川沿いは洪水や増水時において湛水などが発生しやすい土地であった。このような土地は、伝統的に水田や池沼の多かった低地であり、人々が住む住居の建設には不向きな土地と思われてきた。つまり市街地や農村集落がないか、きわめて少ない部分であった。

しかし、築堤技術が進んで洪水の危険性が低くなると、このような既存の市街地や農村集落が少ない土地は、別の魅力を持つこととなった。

人口増加が進んだ20世紀後半、１９５０年の15、16パーセント増（5年前比）を始め、１９７５年までは人口増加率が5パーセント以上であり、その後も増加が続いた。人口減少に転じるのは２０１５年以後であった。

またこの時期、併行していわゆる核家族化が進み、世帯数は人口増加率以上に増えた。人口減少に転じてからも、世帯数増加の傾向が進んだ場合が多い。このような動向は、いずれも住宅需要が著しく増大することに結びつき、住宅団地の建設が盛んに行われた。

さらに、いわゆる高度経済成長の時期以来、住宅だけでなく、多くの工場が建設された。加えて、役所・公共施設などの郊外移転をはじめ、スーパーマーケット・工場などの大型施設が郊外に立地した。道路整備の進展と自家用車の増加とともに、新しい工業団地や住宅団地、さらには新しい各種の都市施設もまた、都市郊外に立地する動向が進んだ。

郊外に立地するこれらの施設は、いずれも広い敷地を必要とした。河川沿いに広がる、水田や池沼の多かった低地は、その格好の対象地とみられた。住宅や集落がなかった河川沿いの低地は、住宅団地や工場の建設用地を求める側からすれば、農用地の水田が広がっていたとしても、広大な「空地」に見えたかもしれない。川沿いに林立するマンション群などはこの過程を示す好例であろう。

さらに見方を変えると、このような土地は市街地に比べて、地価が相対的に安い土地であった。「広くて、地価の安い土地」は、まさしく住宅団地や工場の建設用地に適した土地とみなされた。近代的な堤防（連続堤）が建設され、水害の恐れもないとなれば、一層のことである。このようにして河川沿いへの住宅団地や工場の立地が進んだ。

図2-14　淀川沿いの公共・工業施設

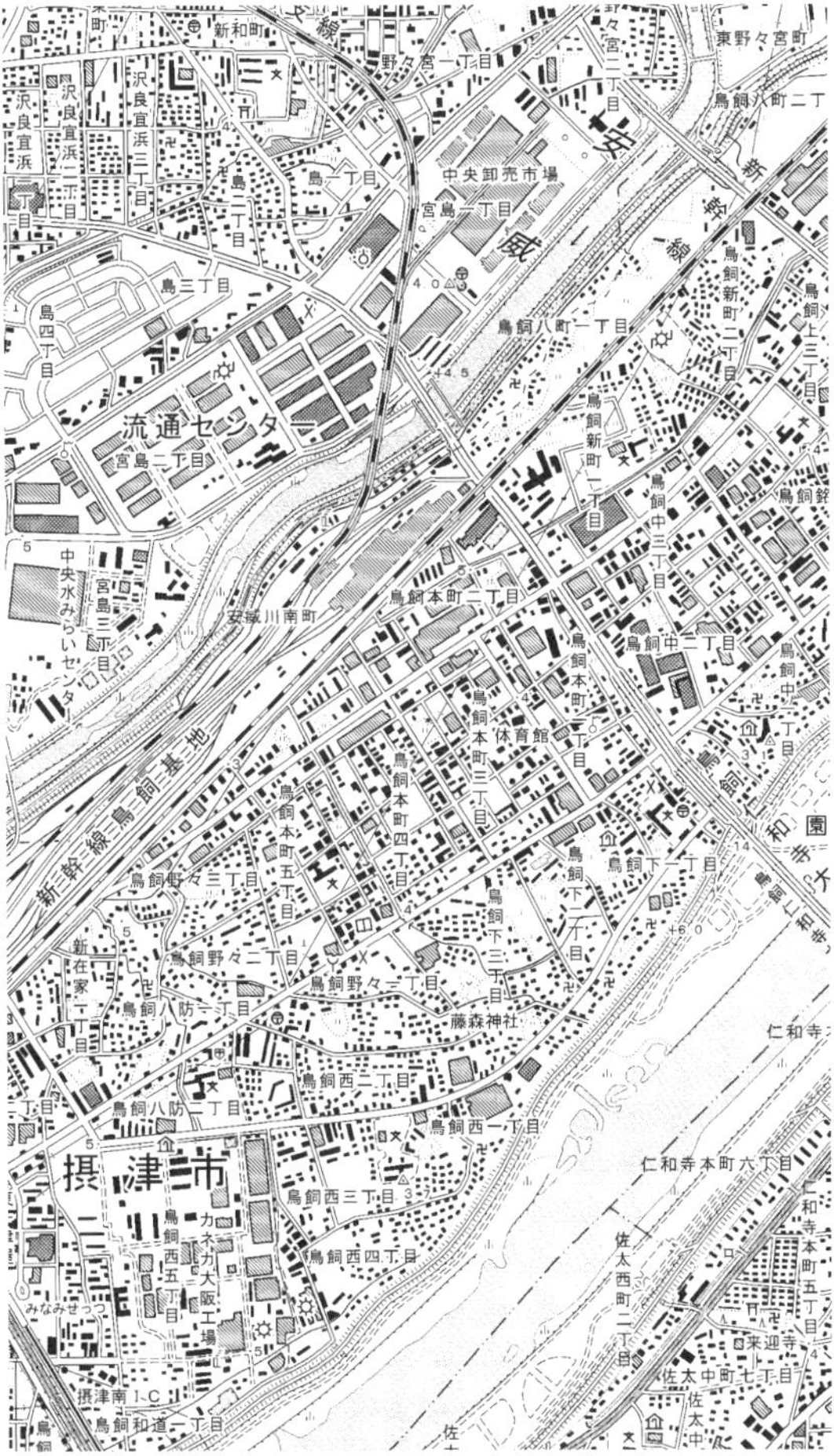

（出所）2万5000分の1地形図「吹田」

例えば淀川流域では、名神高速道路大山崎インターチェンジの南側の桂川右岸（京都府乙訓郡《おとくにぐん》大山崎町）に大工場がある。さらに淀川下流域の大阪府茨木市南部の安威川《あいがわ》下流の右岸には、大阪府中央卸売市場や大阪玩具流通センターなどが入った流通センターがあり、対岸には新幹線鳥飼基地がある（図2－14参照）。

巨大都市の場合は、全体に高層ビルが多いため、こうした立地を視覚的に捉えることは容易ではない。しかし、少し規模が小さい都市の場合は、視覚的にもその状況が明瞭な場所が多い。

例えば写真2－2は、広島市東郊（広島県安芸郡海田町《かいたちょう》）の瀬野川南岸である。瀬野川は広島湾に注ぎ、沿岸で干拓地が造成された河川である。そのやや上流部の堤防に接して、高層マンションや学校・企業のビルが並んでいる様子が見られる。建築技術・資材の発達により建物そのものは軟弱な地盤の土地でも建設可能となった。少し下流には自動車工場なども瀬野川河岸に立地する。まさしくこの状況において成立した立地の典型例である。

ただしこのような土地が好適地であるためには、水害が発生しないという前提が必要であろう。それが崩れた場合は、大きな被害に結びつく。先に述べた、長野市穂保地先におけ

写真2-2 堤防に沿って並ぶビルやマンション（広島市郊外の瀬野川左岸）

写真2-3 浸水した北陸新幹線の車両基地（時事通信社提供）

る、千曲川堤防決壊の被害は大きかった。新しい新幹線車両基地はじめ、多くの施設が水害にあった（写真2－3）。河川沿いへの住宅団地や工場の立地動向と同じような立地傾向による、新しい施設であった。

この水害は、令和元年（2019）の台風19号によって発生した。この地域もまた、増水した千曲川が氾濫しやすい狭隘部付近であり、改めて詳しく紹介するように、歴史的にもしばしば水害を蒙ってきた地域であった。

第　3　章

堤防を築くと
水害が起こる

平安京で行われていた築堤工事

人の手が加えられていない自然景観のままの河川でも、洪水や氾濫は起こった。そもそも洪水や氾濫は、平野をつくった河川の本来の営力であった。それは平野の地形をつくる過程における、必然的な過程の一コマであった。

やがて人々が河川沿いの平野に住みつき、水田を拓いた時は、自然堤防上に集落、後背湿地に水田という文化景観が、基本的なパターンであったことはすでに述べた。激しい洪水の際には、人々は被害をこうむることを余儀なくされたであろう。

あるいは、自然堤防の上で不安に襲われつつ増水を眺め、また後背湿地の水田に広く滞水する状況を目にすることもあったに違いない。圧倒的な自然の脅威を目の当たりにして、人間の力では避け難いことと人々は受け止めたであろう。

ところが大都市ができると、この状況は変わり始めた。例えば平安京が建設され、10万人近くもの人々がそこに生活するようになると、河川の氾濫への対策は極めて重要な政策課題となった。とりわけ平安京には、京域（碁盤目状の街路からなる計画都市内）の東側に接して鴨川が流れ、やや離れているが、西方に桂川が流れていたのである。

　鴨川については、「防鴨河使《ぼうかし》」という役職が設置され、堤防の見回りや築堤工事を行った。防鴨河使と同様に、「防葛野河使《ぼうかどのかわし》」も設置され、西方の「葛野河《かどのかわ》（桂川）」について、管理と洪水防止の役を担うことになったが、貞観３年（８６１）にはいずれも停止して「国司（山城国）」にまかせることとした。

　さらに貞観13年（８７１）には、鴨川について改めて次のように命じた（『日本三代実録』）ことが知られる。

・堤が決壊すれば被害が甚大であるので、
↓堤を高くすること。
・堤の周囲に田を拓いたり、灌漑用水の穴をあけたりすれば、堤を壊すことになるので、
↓公田のほかに田畠（畑）を耕すことを禁じ、また、堤を害するような公田の耕作も禁止する。

つまり、平安京の東側に接近して流れる鴨川において、堤防のかさ上げと、堤防の保護を命じている。この時期には、かさ上げが必要な高さであったとしても、すでに堤防が築かれていたとみられる。

『日本紀略』によれば、延暦19年（800）には、葛野川（桂川）の大規模な築堤工事をしたことが知られる。近隣の「山城、大和、河内、摂津、近江、丹波等の諸国民一万人を発し、以て葛野川堤を修す」と、1万人をも動員して工事を実施したのである。

次いで大同3年（808）6月にも、「葛野河（の洪水）を防ぐために」親王や諸司（諸役所）の五位以上の役人が、それぞれ「役夫（労役に従事する者）」を提供したことが知られる。

また同年7月にも、「葛野川を掘る役夫」という河川工事に関わる表現がある。

平安京内の堀川についても天長10年（833）には、東西堀川の護岸杭用に、桧《ひのき》の柱1万5000本を負担させた（『続日本後紀』）。京戸（京内に戸籍がある戸）は家族数に応じて、護岸用の杭を負担するように定められていた（『延喜式』）のである。

これらの史料に見えるように、平安京では、東の鴨川と西の桂川の堤防の築造と、堀川の

写真3-1　鴨川右岸には連続した堤防が造られていた（「平安京復元模型」、京都市）

護岸に意を注いだことが知られる。桂川の大規模な工事の具体的状況は不明であるが、特に注意したいのは、先に述べたような鴨川の場合である。

鴨川の堤防に穴をあけて、水田に用水を引くことを禁止するとは、穴をあけなければ引水できないような堤防が、すでに存在していたことを前提としていたのであろう。これもまた、少なくとも平安京側（西側、右岸）には、すでに連続した堤防（連続堤）が建設されていたとみられる表現である（写真3－1参照）。

しかし、氾濫を防ぐために人々が河川に堤防を築くと、かえって水害が増大する、という皮肉な結果となったことに触れておきたい。連続堤については改めて取り上げる。

洪水を受け流す霞堤

都であった平安京には、すでに9世紀に、少なくとも一部で連続堤がつくられていた可能性があるが、多くの場合このような連続堤の出現はまだ先のことであった。

近世においても、大きな河川の堤防で一般的であったのは、「霞堤《かすみてい》（以下この表現で代表させる）」ないし「筋違い堤」、あるいは「信玄堤（武田信玄がつくったという俗説による）」などとも呼ばれる、不連続に築堤された堤防であった。

霞堤とは、河川の下流側に短い堤防の一方の端を近づけ、他方を上流側に河川から離れた方向に真っ直ぐ伸ばして（河道から見れば上流側に開いて）設置した堤防であり、これを何本も、河道沿いに雁行状（間隔を置いて平行に）に設置したものである。

増水すれば当然のことながら、雁行状の堤防の間の不連続な隙間の部分から流水があふれる。しかし、あふれた流水は、霞堤によって上流側へ誘導されるので、流勢はそがれて上流側で滞水することになる。このようにして上流側で滞水する部分は、通常は主として水田として利用されており、水の滞留だけであれば、稲への被害は軽微である。少なくとも壊滅的な被害とはならない可能性が大きい。

一方、増水した河道の水量もまたこれによって減少し、多少脆弱な堤防であっても、破堤の危険を避けることができる。つまり、増水した河流の堤防への水圧を分散できるので、近代以前の技術で建設された、それほど強固でない堤防であっても、破堤することが少なかったであろう。

この状況は、言うならば河川によって河道沿いに形成された自然堤防と後背湿地（自然景観）のあり方を、霞堤と水田地帯として人工的・計画的に築造した状況（文化景観）である。両者は、自然景観と文化景観という違いはあるが、機能的に類似しているとみることができよう。

霞堤の具体的な例を取り上げてみたい。富山湾に注ぎ込む庄川（富山県砺波市）の状況である。庄川は、砺波平野東南隅の標高約１００メートル付近で山地から出て、ここを扇頂（扇状地の頂点）としてほぼ北北東から西方向に向けて、半径14～15キロメートルほどの扇形に広がった扇状地を形成している。下流側の端（扇端）は標高約20メートル付近である。

図3－1　砺波郡庄川千保川筋御普請所等絵図
（部分 上部が庄川〔右が上流側〕、中央部4本が霞堤）

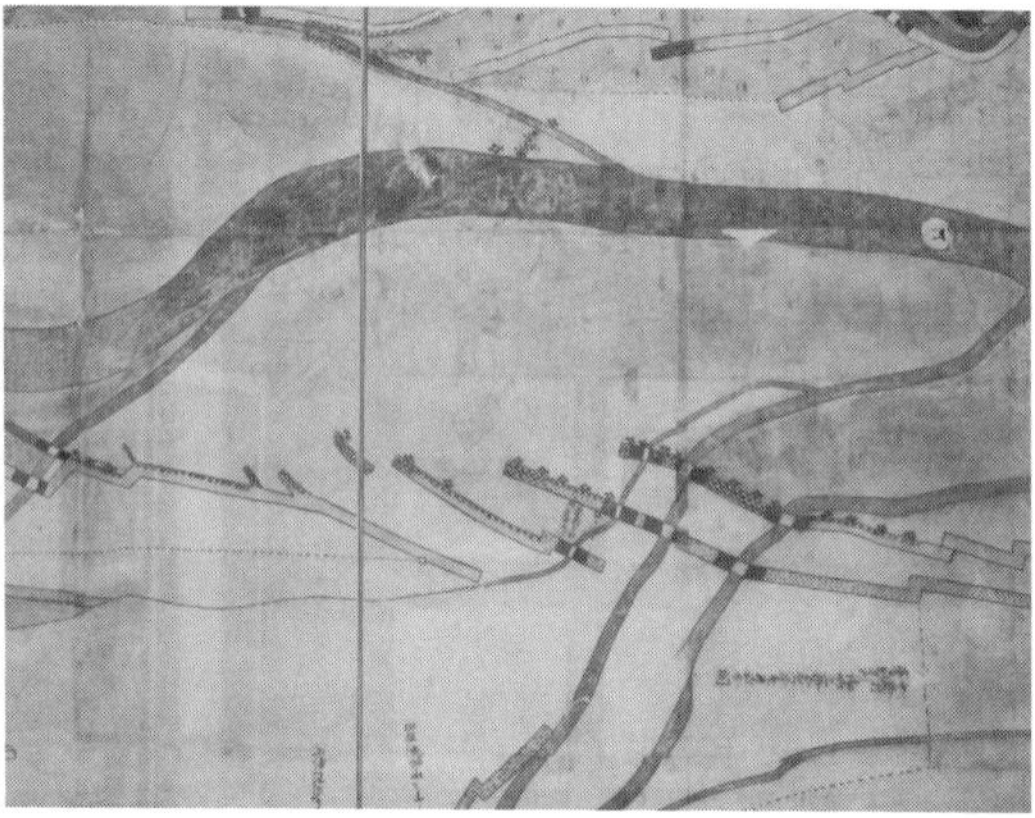

（出所）庄川水資料館蔵（砺波市）

天正13年（1585）の地震によって、庄川の峡谷部に山崩れが起こり、土砂が川をせき止めて湛水した。やがてそれが一挙に崩壊し、激流となって流れ下り、大洪水を引き起こした。

それまで庄川の河道は、現在の庄川河道の西側を西北西に向かう千保川筋を中心としていたが、この時にほぼまっすぐ北へと洪水が流出し、現在の河道が出現した。

千保川の他にも庄川扇状地上には、これまでの河道であったいくつもの旧河道があった。それらのほかに、この新河道（現河道）が主たる河道として加わった

図3-2 霞堤の例（手取川）

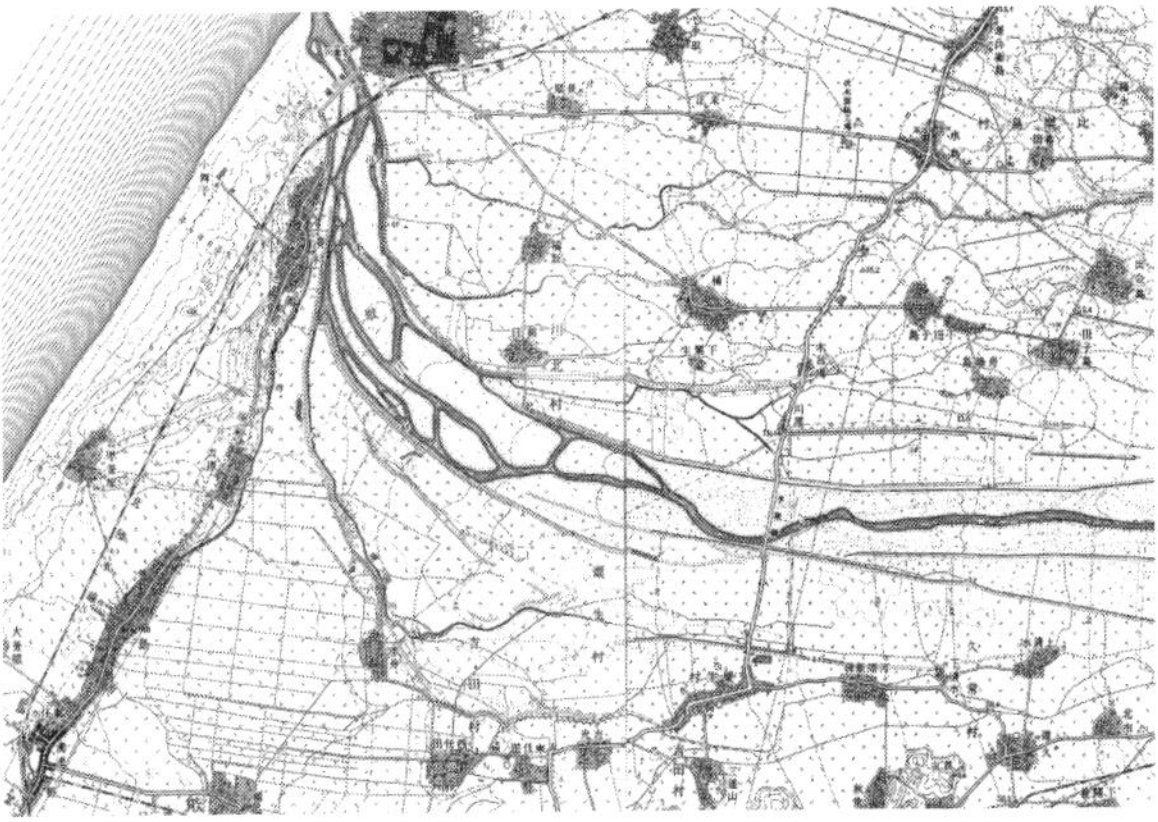

（注）2万5000分の1地形図「粟生」
（出所）今昔マップ on the web

ことになる。

加賀藩は、寛文10年（１６７０）から正徳４年（１７１４）までの44年間を費やして、「松川除《まつかわよけ》」と呼ばれる堤防（川除と称した）を築造した。庄川の流路を、新しい河道（現河道）へと固定を図り、旧河道へ洪水流が流入するのを避けようとしたのである。この後、洪水流の流下が減少した千保川付近をはじめ、いくつもの旧河道での新田開発が進んだ。

この際に築造したのが図３－１のような霞堤であり、ほかにも霞堤の建設は続いた。庄川沿いには現在、新しい連続堤が築造されているが、その背後に現在でも、いくつかの霞堤が、二番堤あるいは三番堤のかたちで残存している。

類似の築堤は同じ加賀藩であった手取川でも見られた。現在では連続堤となっているが、図3－2のように北岸には何本かの短い堤防の根跡が見られ、霞堤の名残をとどめている。

連続堤は堤内と堤外を区分する

庄川の場合、流勢の激しい扇状地上に連続堤が建設されたのは、近代のことであった。連続堤とは、河道の両岸に連続した堤防を築造し、それによって、氾濫しないように河道を封じ込めるものである。河道に沿って築造された堤防から見て、河道は「堤外《ていがい》」あるいは「堤外地」と呼ばれ、反対に河道から見て、堤防の向こう側における人々の住んでいる側の部分が、「堤内《ていない》」ないし「堤内地」と呼ばれる。

連続堤は増水時でも、河流を河道に（堤外に）押し込めることになる。そのためには広い河川敷が必要となる。また、霞堤のように、河流を上流へと誘導して、水勢を和らげることができない。従って連続堤は、増水時の水圧に耐えなければならないので、それにふさわしい強度や構造が必要である。

水流が時に激甚となる大河川では、近代に至るまで連続堤を建設できなかった場合が多い。現在でもなお、安全と思われていた連続堤が破堤して大きな被害を出すのは、テレビ報道などで目にするところである。

堤防は次第に高く、また広くされる傾向がある。コンクリートなどの資材や大型の建設機械がそれを可能にした。また、例えばスーパー堤防と称される堤防には、数十メートルから１００メートル以上の幅のものもある。実際には、広い用地の設定（住民や地権者の同意が必要）が困難であるために、計画にとどまっているものも多い。

言い換えると、連続堤は人々の生活領域である堤内地と、河川敷である堤外地を明確に分ける堤防である。霞堤、あるいはそれ以前の自然堤防だけの時期と大きく異なるのは、住居のある集落や都市だけでなく、水田部分（後背湿地部分）もまた堤内地に取り込んだことである。しかも、従来はほぼ水田としての利用に限られていた後背湿地にも、現在では住宅や都市施設が数多く建設されている場合が多いことは、すでに述べた。

霞堤の段階においては、堤防と堤防の間隙から、洪水を上流へと逆流させる方法が、流勢を弱めて壊滅的被害を避け得る方法として認識されていた。実際にも、水田部分は増水時に湛水し、通常水位に戻ると排水するような機能を持ち、いわば遊水地的な役割を果たしていた。

しかし、霞堤の段階と異なって、連続堤が築造されると、水害として認識される範囲が著しく広がることにもなる。連続堤のように堤内地と堤外地を明確に区分すると、破堤すればもちろん、堤防を越えて溢水《いっすい》する（水があふれ出る）ことがあっても、それは「水害」となる。溢水は、堤防背面の崩壊を早めることが多く、結果的に破堤に結びつくことが多い。

しかも、実際に洪水時の連続堤の破堤や溢水は、激しい水勢を伴っているのが普通である。増水した激流を全面的に支えねばならない堤防が、万が一支えきれなくなった場合を想定してみたい。

いったん破堤すると、激流が殺到し、破堤を拡大するとともに、その1カ所から洪水が堤内地へと殺到する。このような洪水の被害は、想像を絶する大きさとなる。

とりわけ連続堤となった堤防は、万が一破堤した場合に、大水害に結びつきやすい。「堤防を築くと水害が起こる」と本章を題したのは、まさしくこの意味である。

連続堤の破堤によってできる押堀《おっぽり》

琵琶湖から流れ出る宇治川（上流は瀬田川）は、京都府と滋賀県にわたる醍醐山地を越えて、谷口近くに架かる宇治橋（宇治市）に達する。現在はそこから西北方へと流れ、さらに北へと少し向きを変えて、やがて山科川を合流して向きを変え、伏見（京都市伏見区）市街の南側を西へと流れる。

ところが、中世以前の宇治川は、宇治橋の下流付近から西北西へと流れ、現在は干拓されて消滅した巨椋池《おぐらいけ》へ注いでいた。この巨椋池へと注いでいたかつての宇治川が、14世紀初めの宇治川合戦（『太平記』）の舞台であった。また元亀4年（1573）には、中州に構築された槇島《まきしま》城に将軍足利義昭がこもり、織田信長と対峙した。

その旧宇治川の河道が現在の位置に移動させられたのは、文禄3年（1594）のことであった（『村井重頼覚書』）。豊臣秀吉が前田利家に命じた工事による結果であった。足利健亮氏は、この際の宇治川の河道付け替えが、秀吉による壮大な土地計画の一環であったと喝破した。伏見城の建設、京・大和間の街道の整備と管理、宇治川・淀川水運の伏見への収斂など、秀吉による一連の事業と一体であったとされる。

このような河道付け替えを行うには、必然的に連続堤を建設しなければならなかった。すでにそのための技術と資力を注ぎ、労働力を動員できたのであろう。

文禄3年には同時に、「大椋（宇治市小倉）」より「伏見」まで「新堤築きなされ候」（『宇治里袋』）と、後に小倉堤と称される槇島（宇治市）・向島《むかいじま》（京都市伏見区）の西の堤も築かれたことが知られ、いずれも太閤堤と呼ばれている。

宇治橋下流東岸の堤防もまた、考古学の調査によって、この時の工事が基礎となっていることが判明し、史跡に指定されている。

現河道の宇治川の堤防は、この際の大規模な築堤工事による連続堤であったが、すでに述べたように必然的に洪水と対峙し、しばしば破堤した。

宇治川の洪水を描いた古地図は何点かある。図3－3はそのうちの一つで、18世紀ごろのものであろう。同図は、東を上、南を右にして描かれており、右上隅には欄干付き宇治橋が描かれている。宇治橋から西北へ、さらに北へと流れる広大な川が「宇治川筋」である。宇治橋下流から西方へ向かうのが「古川筋」つまり旧宇治川であり、「葭生《よしはえ》」とすでに葭原《よしはら》

図3-3 宇治川の押堀

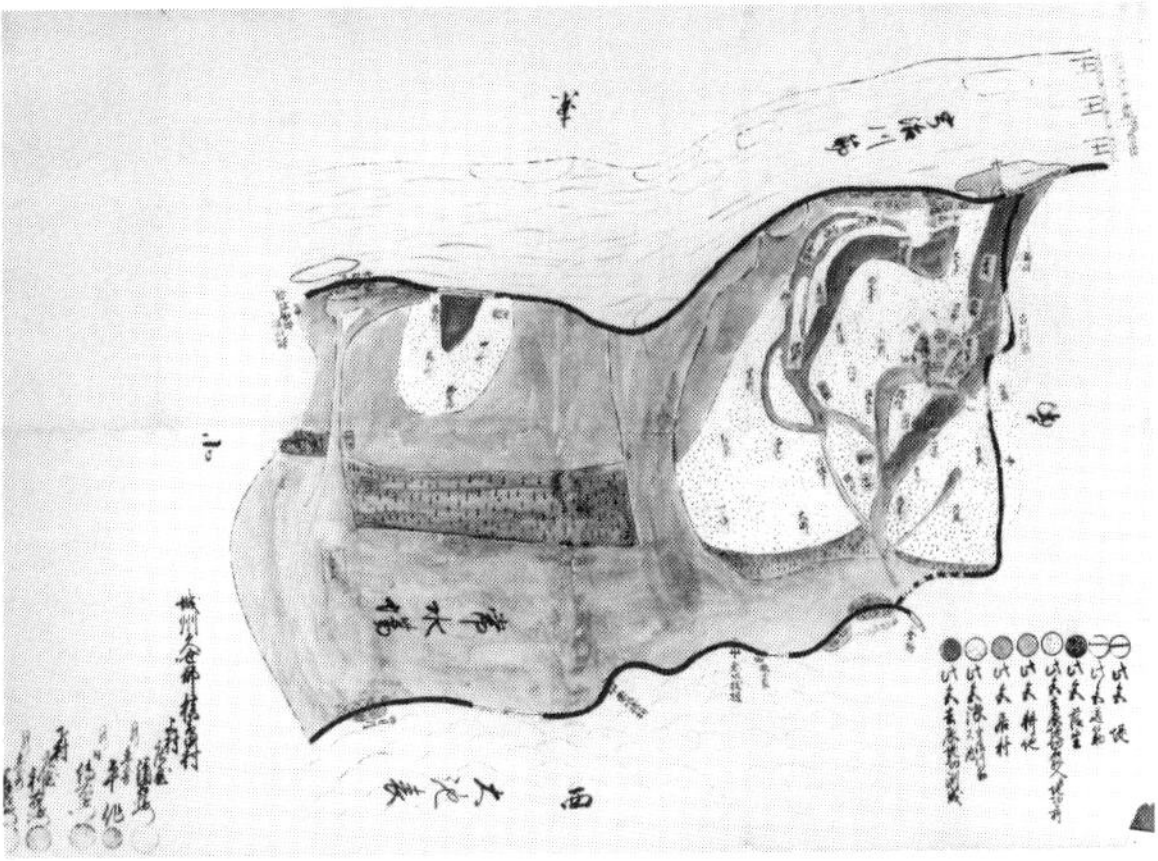

（出所）宇治市歴史資料館蔵

だったことを表現している。古地図中には、「古城」との貼紙も付されていて、槙島城の所在地を示している。

さて、東側の宇治川沿いの堤は明らかに連続堤として表現され、西側の「小倉橋」から北への小倉堤もまた連続堤であった。

ところが東南側に、着色されず、細かく点がうたれた部分が広がり、東北側の宇治川沿いにも、同様の表現が馬蹄形状に存在している。

凡例には「壬辰、堤切、石砂入兼堤切ヶ（箇）所」とあり、壬辰《みずのえたつ》の年（安永元年〔1772〕）に宇治川新旧河道の分岐点付近で堤防が切れ、「石砂」が堆積した部分が広がっていた様子、並びに破堤箇所を描いていることになる。先に述べたように、連続堤が破堤した際に、水害がきわめて大きくなる例になろう。

さらに馬蹄形の「石砂入」の中央には、凡例に「壬辰、堤切、渕成」とあり、この部分の堤防が決壊し、抉《えぐ》られて渕《ふち》となっていたことが判明する。この場所では、連続堤が復原されているように描かれている。

このような破堤箇所を「切所《きれしょ》」と称し、大石久敬『地方《じかた》凡例録』（寛政6年（1794））は、このような破堤地における、復旧のための築堤法を次のように解説している。破堤地に築堤するには、その部分が深く抉られているので、土俵・杭・しがらみなどで、基礎を十分につくる必要がある。さらに深く抉られている場合には、渕の部分の再利用を断念して堤防を半円状に迂回させ、渕の部分を堤外地とする。といった方法であり、図入りでそれを解説している。

切所は、濃尾平野の西部にきわめて多い。木曽川・長良川・揖斐川の三川合流地帯（愛知県・岐阜県・三重県の県境付近）では低平な三角州平野や三角州が広がって、水害常襲地であった。

この地域では輪中《わじゅう》と呼ばれ、連続堤で輪のように取り囲まれた村々が成立した。このような輪中では洪水の折に切所ができやすく、馬蹄形の砂入地に囲まれた渕の部分を「押堀《おっぽり》」と呼んでいる。まさしく、宇治川の絵図に「堤切、渕成」と表現された形状である。「切所」と「押堀」は、連続堤が破堤した時にもたらす水害の、在り方と激しさを物語るものである。

なぜ天井川《てんじょうがわ》ができるのか

天井川とは、連続堤で固定された川底（河床）が、周囲の地表面より高くなっている河川である。典型的には、琵琶湖の湖東平野を流れる草津川（滋賀県草津市）や、京都府南部の玉川（綴喜郡井手町）の例がわかりやすい。

いずれも河道が高い位置なので、例えば旧東海道やＪＲ東海道線が草津川の河床の下をトンネルでくぐり（写真3－2、写真3－3参照）、玉川（図3－4参照）もまた、ＪＲ奈良線が河床の下をトンネルでくぐる。

草津川が流れる湖東平野（滋賀県琵琶湖東部の平野）は、早くから開発が進んでいた。草津川付近は、古代には近江国栗太郡《くるもと》として、国府にも近く、耕地の開発も進んでいた。8世紀中ごろにはまた、碁盤目の区画によって土地の所在を表わす、「条里プラン」とでも呼ぶべき土地計画が施行され始めていた。それが古代・中世と続くとともに、実際の土地区画としても碁盤目の条里地割が展開するようになった。

基本は一辺一町（109メートル）の正方形の区画であり、坪（奈良時代には「坊」）と呼ばれた。やがて、坪を画する道や水路がつくられ、いまではさらに変化をしているが、写真3−3は、その名残をとどめた条里地割が広がっている状況である。水田はもちろん、市街地となった部分でも、碁盤目の区画に規制されている様子が見られる。

このような古くからの水田や集落を洪水から守るために、人々は川に堤防を築造した。ところが、草津川の場合、上流は花崗岩質の山地であり、風化して砂になりやすく、河川に多くの土砂が流れ込む。そのため次第に河床が高くなり、それに応じて河床を掘り下げて堤防を高くしなければ、容易に水害が発生する状況となった。そこで人々は、何世代にもわたって、堤防を増強する努力を続けてきた。その結果、天井川となり、鉄道や道路がトンネルで

写真3-2　草津川の下を通る旧東海道（草津川トンネル）

写真3-3　条里地割地帯を流れていた草津川跡（草津宿街道交流館提供）

下をくぐることとなった。

草津川がいつごろから天井川となったのかを正確に知ることはできないが、歌川広重の浮世絵「草津追分」に、すでに民家の屋根より高い河床と堤防が描かれている。さらに、現在のようにトンネルがないので、人々が高くなった河道に登り、河床を歩いている様子が描かれている。江戸時代終わりごろには、すでに有名な景観（要素）であったものと思われる。

なお現在は、草津川のルートを付け替えて、大きく北を迂回する河道へと変更したため、天井川跡を公園として整備している。

一方玉川の場合、古くから開発の進んだ農村地帯であることは共通するが、天井川となった主たる理由には、別の要素が加わっている。玉川は、東の山地から西へ流れて木津川（京都府南部を南から北へ流れて宇治川と合流する）に注いでいる。玉川の南にも北にも、同じように東から西へ流れて木津川に注ぐ川があり、それらにも天井川が多いのである。

玉川はもとより、その北では、長谷川、青谷川（いずれも城陽市）、南では天神川、不動川（いずれも相楽郡山城町）などの河床の下をＪＲの線路がトンネルでくぐっている（図3－4参照）。いずれも典型的な天井川である。

この木津川がまた、堆積力の大きい大河川であり、河床が高くなりやすい状況であった。本流の堤防を強化すればするほど、その傾向は強くなり、支流のほうは、河床を高くしないと木津川に合流することができない状況であった。そうでなければ、支流の河水が逆流して氾濫する（いわゆる内水氾濫）こととなる。

まずはそれを避けるために、本流の河床の上昇とともに、支流の堤防をも高くする努力を続けることとなったのである。その結果、同じような天井川がいくつも木津川東岸に並ぶこととなった。

この場合も、川沿いの耕地と集落を水害から守ろうとした努力の結果であることは、草津川の天井川化と共通する。ところが木津川東岸の小河川の場合、個々の支流それぞれの状況よりも、本流の河床が高くなるということが、より大きい要因であった。

草津川と木津川東岸とでは、要因はやや異なるが、同じような築堤工事が断続的に行われた結果、天井川となった。これもまた、連続堤をつくり続けた結果の一つである。いったん破堤すれば、被害はきわめて大きくなる。

図3-4　木津川右岸の天井川

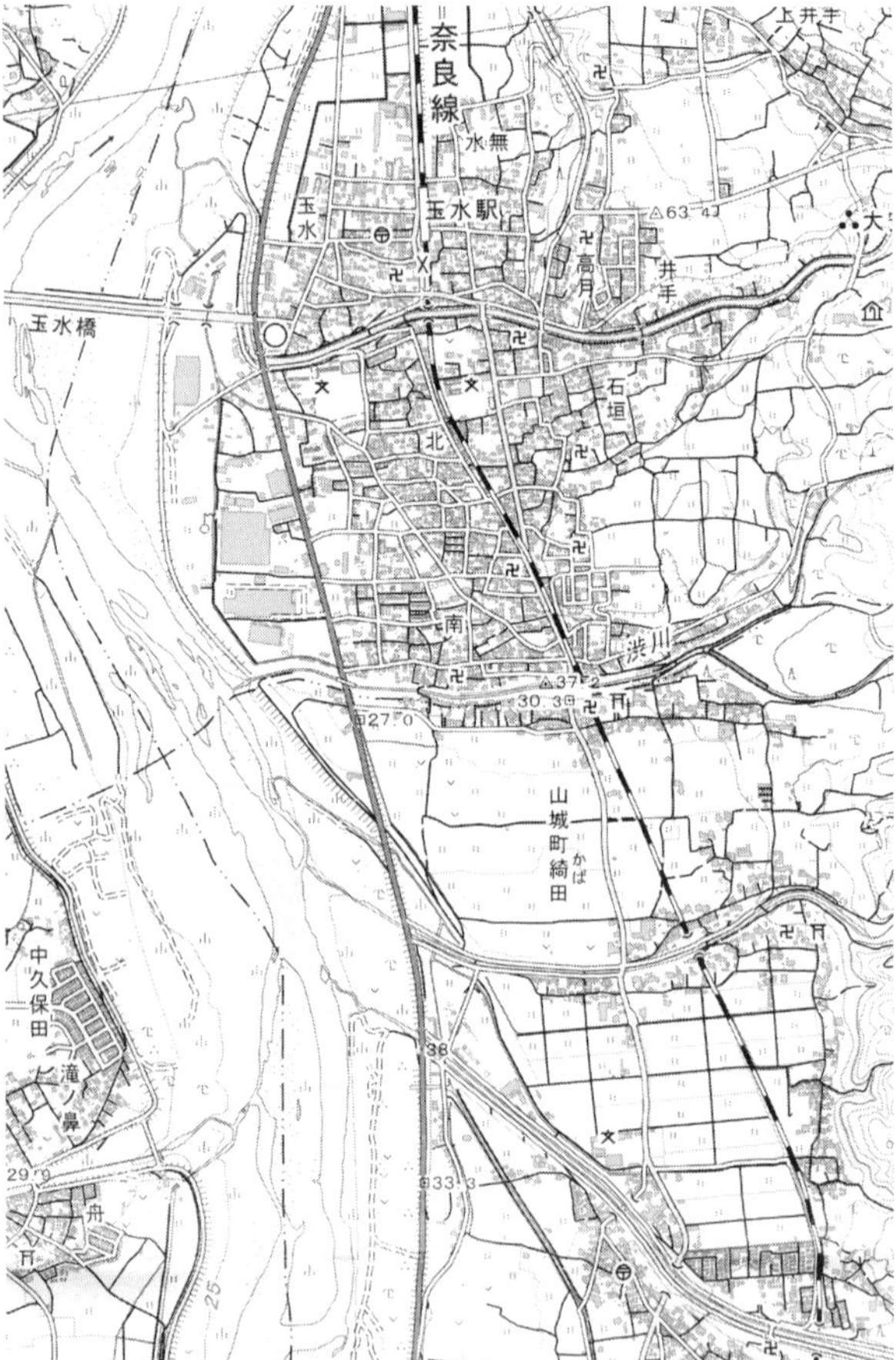

（出所）2万5千分の1地形図「田辺」

ゼロメートル地帯の出現

新しく積み上げられた土砂がそのまま放置されていても、圧密《あつみつ》によって嵩《かさ》が減ることはすでに述べた。よく知られている事例を加えると、大阪湾の埋め立てによって新しく築造された関西空港が少しずつ沈下し、開港以来それを調整し続けている、という状況がある。

三角州平野や三角州など低地の場合でも、堆積が進む一方で類似の沈下が進行している。次章で触れる伊勢湾奥の富田荘一帯や、琵琶湖北部の旧下八木村などの場合も同様であるが、河川による堆積量が圧密による沈下量を上回っているために、平野の形成（陸化）が進んでいるとみることができる。

このような圧密による一定の沈下に加え、地下水や地下の天然ガスの過剰なくみ上げによって、地盤沈下が引き起こされた地域がある。地盤沈下が極めて著しかった場所では、河川の水面が周辺の土地よりも高いといった状況が出現している場合がある。

ただし、数百年にわたる河道の固定によって土砂の堆積が進んだために河床が高くなった天井川と、河道そのものの堆積ではなく、流域の地盤沈下によって急速に発生した天井川と

写真3-4　車や人の2倍の高さがある護岸（寝屋川鋼管矢板護岸）

では、要因がまったく異なる。一見類似しているかに見える状況を生み出してはいるが、地盤の動き自体は、むしろ逆方向である。

河道周辺の土地が沈下した結果なので、先に述べた草津川や木津川支流群の天井川化とは成因が異なるにもかかわらず、類似の状況が出現しているのである。

典型的な地盤沈下地帯である淀川下流域では、昭和8年～37年の30年間に、新淀川河口付近で170～240センチメートル、寝屋川下流域で最大84センチメートルの地盤沈下がみられた（前田昇氏の整理）。

さらにこの流域では、高度経済成長期と称された昭和40年（1965）ごろからの10年

図3-5　寝屋川流域の地盤沈下

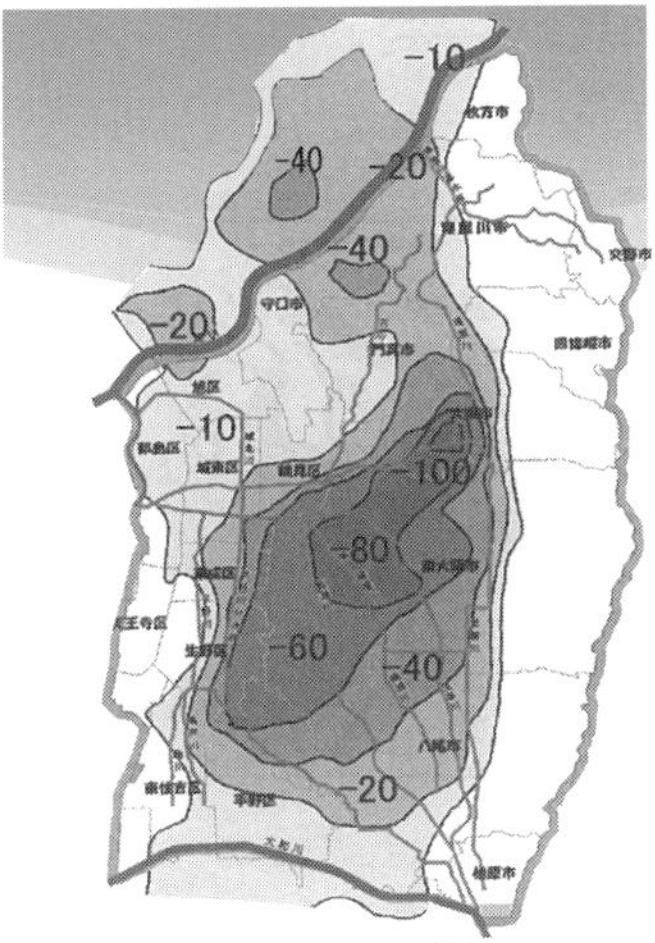

1964年～1996年までに沈下した高さ(cm)　1

（出所）大阪府河川室資料

間ほどの間、工業用水や上・下水道の用水として、地下水を過剰にくみ上げたのが最大の要因で地盤沈下が激化した。その結果、河床そのものも河川勾配の減少によって流下能力が減少し、流域の低地（内水域）の排水不良や、滞水による内水氾濫を発生させることとなった。

　これを防ぐために、川岸には矢板を打ち込んだり、コンクリート護岸を設置したりすることが必要となった。その結果、写真3－4のように、護岸の高さが車や人の

2倍程にもなった場合さえ出現した。

さて、図3－5は大阪平野中央部の寝屋川下流域で、地盤沈下の激しい地区が集中していたことを示している。大東市では昭和39年（1964）～平成8年（1996）の累積で、最大100センチメートル以上も地盤沈下した。同図のように、地盤沈下は寝屋川流域に広がっており、北を流れる淀川流域の北岸にも及んでいる。

地下水くみ上げの規制や、工業用水の工業用水道への転換によって、現在は地盤沈下の現象そのものは鈍化しているが、淀川北岸の摂津市等では、これから規制を実施する方向で検討している自治体もある。

一方、天然ガスの採取は新潟市などの限られた地域であったが、やはり地盤沈下をもたらした。採取規制前には信濃川河口付近で1日当たり最大1・4ミリメートル（昭和34年度後半）に達した。これも規制後の翌年度に最大0・6～0・8ミリメートルとなり、現在は採取規制によって沈下がほぼ収まっている。

平野の海岸付近には三角州が広がり、また人工的な埋め立て地が多いが、そのような場所でも地盤沈下は発生しやすい。その結果、標高が海水面より低い状況となっているところがあり、矢板やコンクリートによる護岸を余儀なくされているところがある。一般に、ゼロメートル地帯と呼ばれている。

はじめて水害予測図がつくられた濃尾平野

広域にわたって水害発生の可能性を示す地図が最初につくられたのは、濃尾平野であった。図3－6「木曽川流域濃尾平野水害地形分類図」（5万分の1、総理府資源調査会、1956年）がそれである。この地図はまず、台地の地形を6類型に分類した。さらに低地を、3類型の扇状地、2類型の谷底平野、1類型の自然堤防、3類型の三角州として分類し、これに新田（年代別）などを加えたものであった。

これらの地形について小著では、谷底平野以外はすでに触れた。谷底平野は、河川上流の河谷部分に形成される地形で、多くの場合、すでに低地の地形として説明した扇状地や自然堤防帯からなっている。

なお当時、資源調査会の技官として同図作製に従事した大矢雅彦氏は、後に『地形分類の手法と展開』を編集し、「地形分類」という手法を集成した。

図3-6　木曽川流域濃尾平野水害地形分類図（部分）

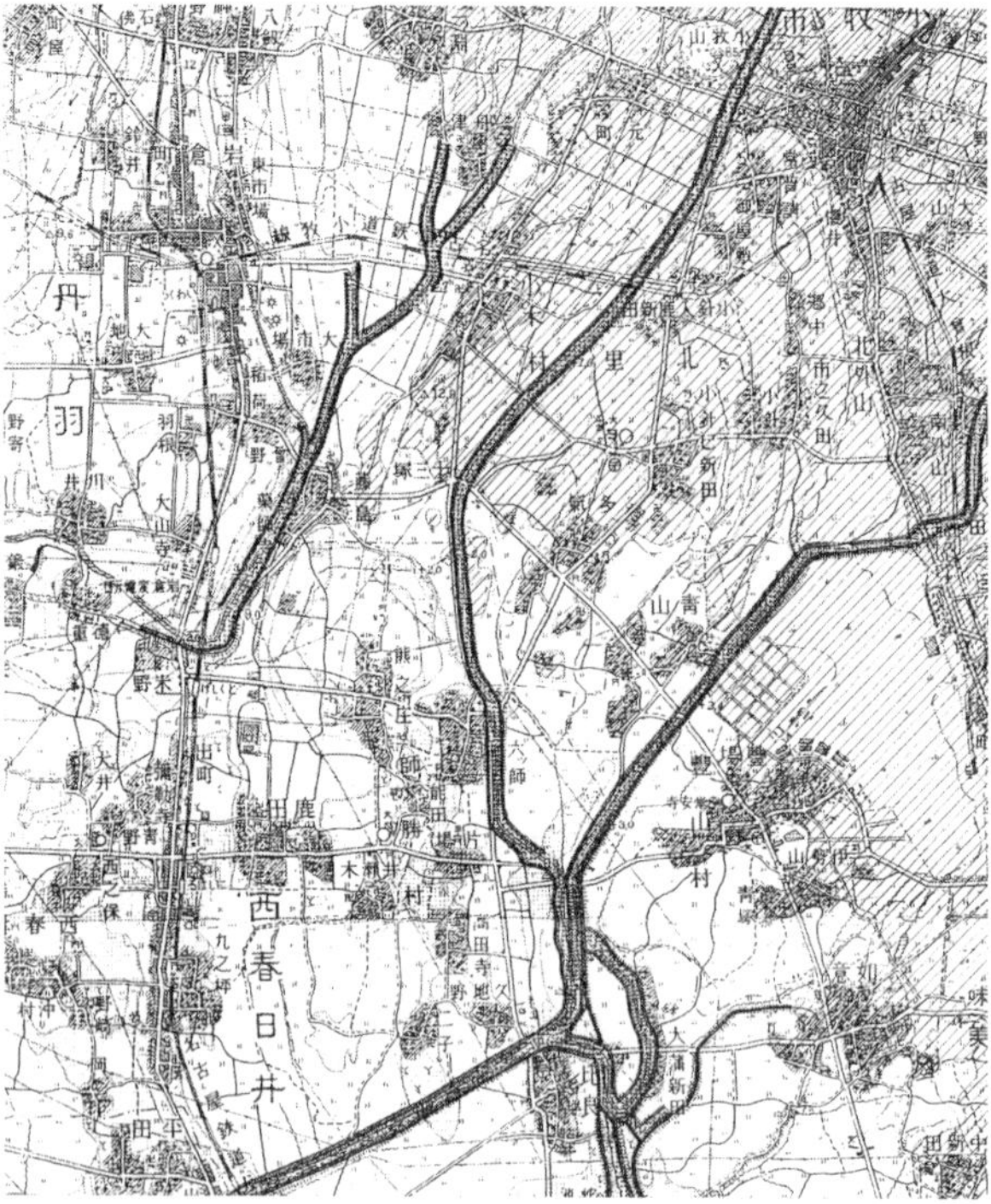

（出所）「木曽川流域濃尾平野水害地形分類図」

濃尾平野の水害地形分類図では、扇状地を「異常洪水に冠水するところ」とし、谷底平野・三角州を「(しばしば水害をうける) 低い土地」、三角州 (デルタ地帯) を「水はけ不良 (危険地帯)、いつも冠水するところ (海面以下)」としていた。

この分類における「三角州 (しばしば水害をうける) 低い土地」が、先に説明した三角州平野にほぼ対応する。さらに「三角州 (デルタ地帯)」が、その三角州平野の下流側であり、三角州として説明した部分である。

この水害地形分類図が作製されて3年後の昭和34年 (1959)、伊勢湾台風 (同年15号) が濃尾平野を直撃した。その折の水害は、同図で2類型に分けられた三角州 (三角州平野と三角州) を中心に発生した。つまり、不幸にして、水害予測の分類が間違っていなかったことを証明したことになる。

水害地形分類図の有効性を認知した国土地理院は、「土地条件図 (2万5千分の1)」を刊行し始めた。地形図の2倍程にもなる大きな判型の地図であり、昭和40年 (1965) に「岡崎、半田、蒲郡、豊橋」の4図幅を刊行したのを皮切りに、計136図幅が刊行された。

土地条件図 (図3－7参照) ではまず、地形を次の9類型に分類している。さらに、それ

図3-7　濃尾平野土地条件図（部分）

（出所）『土地条件図、名古屋北部』

ぞれの類型に含まれる種類を彩色等で区別し、また各種の界線を定めてそれぞれを区分して表現した。

斜面（緩斜・急斜・極急斜と尾根型・谷型・直線型などの組み合わせによる９種）
変形地（崖、崩壊地、地すべり、など６種）
台地・段丘（高・上・中・下・低位面の５種）
山麓堆積地形（土石流堆など４種）
低地の微高地（扇状地、緩扇状地、自然堤防、砂丘、砂堆・砂州、天井川沿いの微高地の６種）
低地の一般面（谷底平野・氾濫平野、海岸平野・三角州、後背湿地、旧河道の４種）
頻水《ひんすい》地形（天井川の部分、高水敷《こうすいしき》、低水敷《ていすいしき》・浜、湿地・水草地、落堀《おとしぼり》、潮汐《ちょうせき》平地の６種）
水部（河川・水面など）
人工地形（平坦化地、農業用平坦化地、切土斜面、盛土斜面、高い盛土地、盛土地、

埋土地、干拓地、凹陥地の9種)

さらに土地条件図は、「地盤高」として「水準点、地盤高測定点、等地盤高線(1メートル毎)」などと、「各種機関および施設」として「行政界、防災開発担当機関、観測施設、交通運輸施設、救護保安施設、揚排水施設、河川・海岸工作物、橋梁」などを地図上に示している。

とりわけ重要なのは、変形地や人工地形、地盤高などの災害に結びつきやすいか、防災に直接役立つデータである。水害地形分類図には全くなかった表現である。

本書でも第2章~第3章で説明したのは、

1.「台地・段丘」(土地条件図の表現でも同様)の概要、

2.「低地(扇状地、自然堤防帯、氾濫平野、三角州平野、三角州、ならびにこれらを構成する自然堤防・後背湿地)」(土地条件図では「低地の微高地および低地の一般面」)などの基本的性格が中心である。

これに、

3.「山麓小扇状地、山裾の地形」（土地条件図では「山麓堆積地形」）や、
4.「天井川、河道、堤防」（土地条件図では「頻水地形、水部」に含まれる）の一部の説明を加えた。小著で特に注目したのは、堤防の形状と特性であった。

これらの特性を踏まえ、土地条件図のデータを詳細に読み取ることができれば、土地利用や防災などに有用であることは間違いない。なお、土地条件図の「人工地形」に相当する対象は、第6章「人がつくった土地」で述べる。

ハザードマップが表現するもの

土地条件図は有用であったものの、刊行された136図幅《ずふく》でも日本全体のごく一部であった。しかも、一部は日本海岸の図幅であったが、太平洋岸・瀬戸内沿岸の平野に大きく偏っていた。

1990年代からハザードマップ（被害予測地図）の作製が始まり、土地条件図は「初期整備版」として、国土地理院において要請に応じて販売されている。土地条件図が、それぞれの場所の土地条件を説明するものであったのに対し、ハザードマップは原因の説明ではな

く、危険度と避難に中心を置いた情報を盛り込んだ地図である。これには、洪水予報の伝達方法や避難場所などの、災害時に必要な事項も記載されている。

先に紹介した、地盤沈下の激しい寝屋川下流域の場合、土地条件図「大阪東北部（昭和58年）」には、2メートルの「等高線」と、川沿いにあるそれ以上の「自然堤防」、2メートル以下の「盛土地《もりどち》」、周辺のそれより低い「後背湿地」が表現されている。作製は、まだ地盤沈下が激しかった状況が続いていた時期であった。盛土地は、基本的に宅地のための盛り土であり、後背湿地の地形条件から浸水の予測ができた状況であろう。

一方、ハザードマップ「寝屋川浸水想定区域図」（図3－8参照）では、24時間の総雨量683ミリ、ならびに1時間雨量138・1ミリとの前提で、1時間当たり浸水量が黄（0・5メートル未満）、ないし緑（0・5～1・0メートル未満）、青（1・0～2・0メートル未満）と想定・分類されている。寝屋川流域における浸水の可能性が高いことはすぐに知られるが、前提条件が持つ意味を正確に理解して利用することは難しい。

ハザードマップは基本的に、河川洪水・浸水、土砂災害、地震、火山、津波浸水・高潮の5種類の災害を想定している。地図としては、市町村単位、都道府県単位、河川流域単位な

図3-8　寝屋川浸水想定区域図

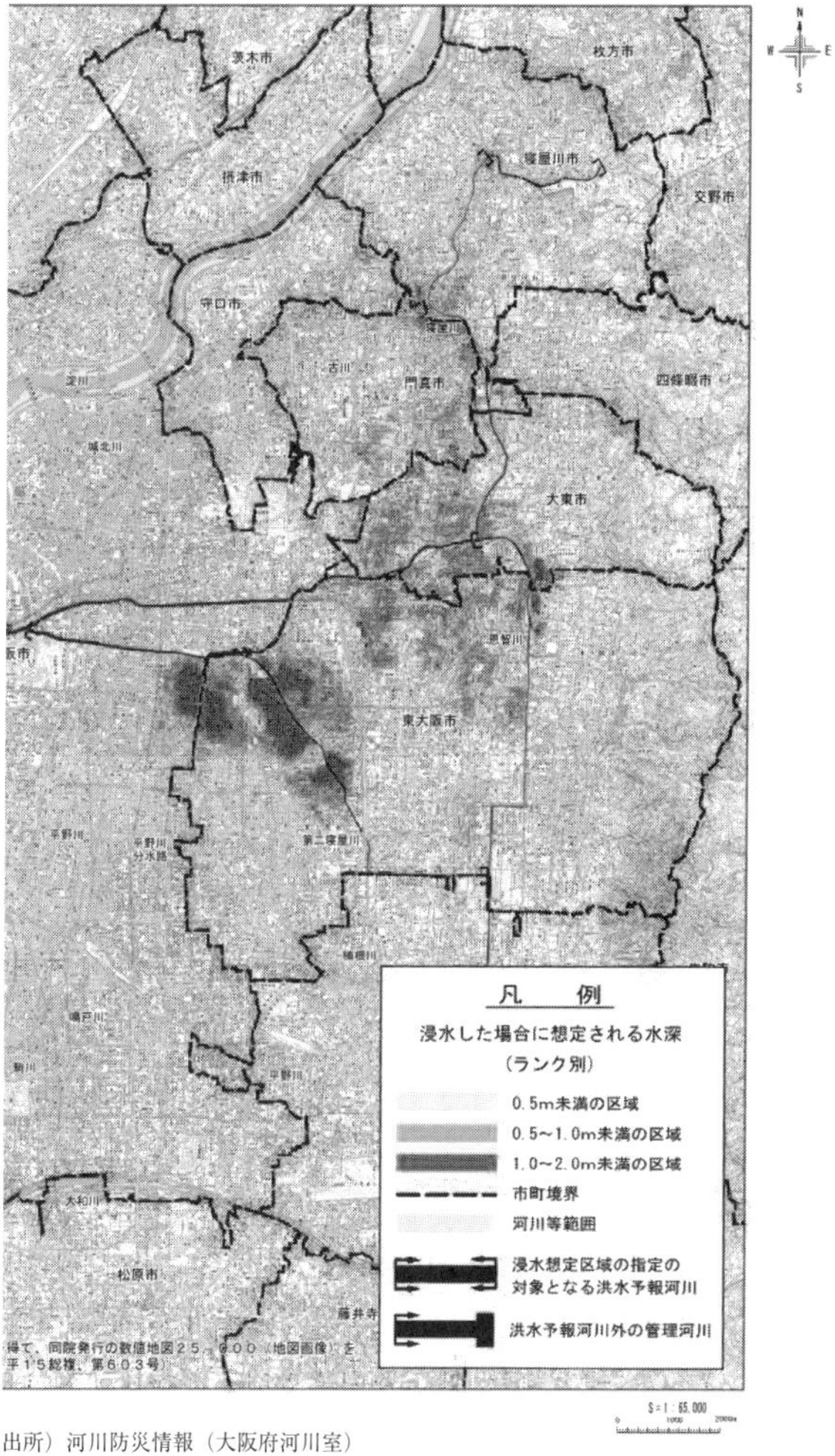

（出所）河川防災情報（大阪府河川室）

ど多様であるが、いずれもネットで公開されている。

河川防災の点では、国土交通省の「防災ポータル」も有用であろう。「洪水予報河川及び水位周知河川」における情報そのものも、やはり時をおかずネットで公表されている。

ただしハザードマップとは、基本的に自然災害による被害を予測し、それを地図化したものである。河川の場合、100年に1度、場合によっては1000年に1度の雨量や増水を前提に水害を想定しているが、あくまで想定である。想定の前提条件、例えば「流域の2日間の総雨量300ミリ」とか、「ピーク時の雨量が1時間に60ミリ」が基準である。

さらに、堤防そのものの状況によっては、想定以下でも破堤の可能性がないわけではない。連続堤がかえって水害を誘発する場合を紹介したように、常識と思われている状況を越える破堤や内水氾濫が発生した場合もあった。そのような危険性を認知するには、やはり地形の基本的な理解が必用であろう。

ハザードマップの原型とでも言うべきは土地条件図であるが、土地条件図が地形の基本的様相を表現しているのに対して、ハザードマップは一定条件の下での災害予測、ないし危険度予測を表現しているという点の認識が重要であろう。

第 4 章

海辺・湖辺・山裾は動く

陸化する海岸（海退）と湖岸（湖面の後退）

台地や低地などの平野の地形が、河川などの堆積と浸食によってつくられたことは繰り返すまでもない。とりわけ低地は現在も堆積が続いている地形である。その最下流部に形成されている三角州平野や三角州の先端にあたる海岸や湖岸は、とりわけ動きの激しい部分である。陸地と水面が、いわばしのぎあっている接点である。

陸化が進むと海退や湖面の後退となり、陸地が後退すると海進や湖面の前進となる。その状況がよくわかる例をいくつか見てみたい。

近畿日本鉄道（近鉄）の名古屋駅から電車に乗ると、名古屋線の戸田駅（名古屋市中川区）に行くことができる。戸田駅付近はかつて、鎌倉にある円覚寺の寺領であり、尾張国富田荘と称される荘園であった一帯である。戸田とも表現するので、「とだ」と読んだのであろう。戸田駅の北東方には、ＪＲ関西本線の春田駅があり、北西方には同じく蟹江駅がある。

この荘園については、「円覚寺領尾張国富田荘古図」と名付けられた嘉暦2年（１３２７）

の古地図がある。もともと北を上にして描かれているが、文字を活字に直して概要を示すと、図４－１のようになる。

荘園の東側を流れている川は、上流（北）から流下する川（五条川に相当）との合流点付近に「河」と記されているだけであるが、現在の庄内川に相当する。この川の北部から別れて、西側へと大きく迂回するのが蟹江川、そのやや下流から西南へ別れて流れるのが、現在の戸田川に相当する。

湾曲する戸田川の北西岸を中心に、10個ほどの方形の区画群が表現されている。このような方形の一つひとつが条里プランの「里」（第2章「河川がつくった平野の地形」参照）であり、１辺が６５４メートルであった。

ほぼ中央部の区画には「富田里」と記され、その東南に「春田里」、方形区画群の西側に「蟹江」などの名称が記されている。これらの名称が戸田駅、春田駅、蟹江駅の由来である。近鉄戸田駅の次駅もまた、近鉄蟹江駅である。

富田荘古図のこのような方形区画群の南側一帯には、長方形や一部が曲線で囲まれた不整形な区画群があり、戸田川の東側でも同様である。これらの不整形な区画のそれぞれにも、

図4－1　円覚寺領尾張国富田荘古図（概要）

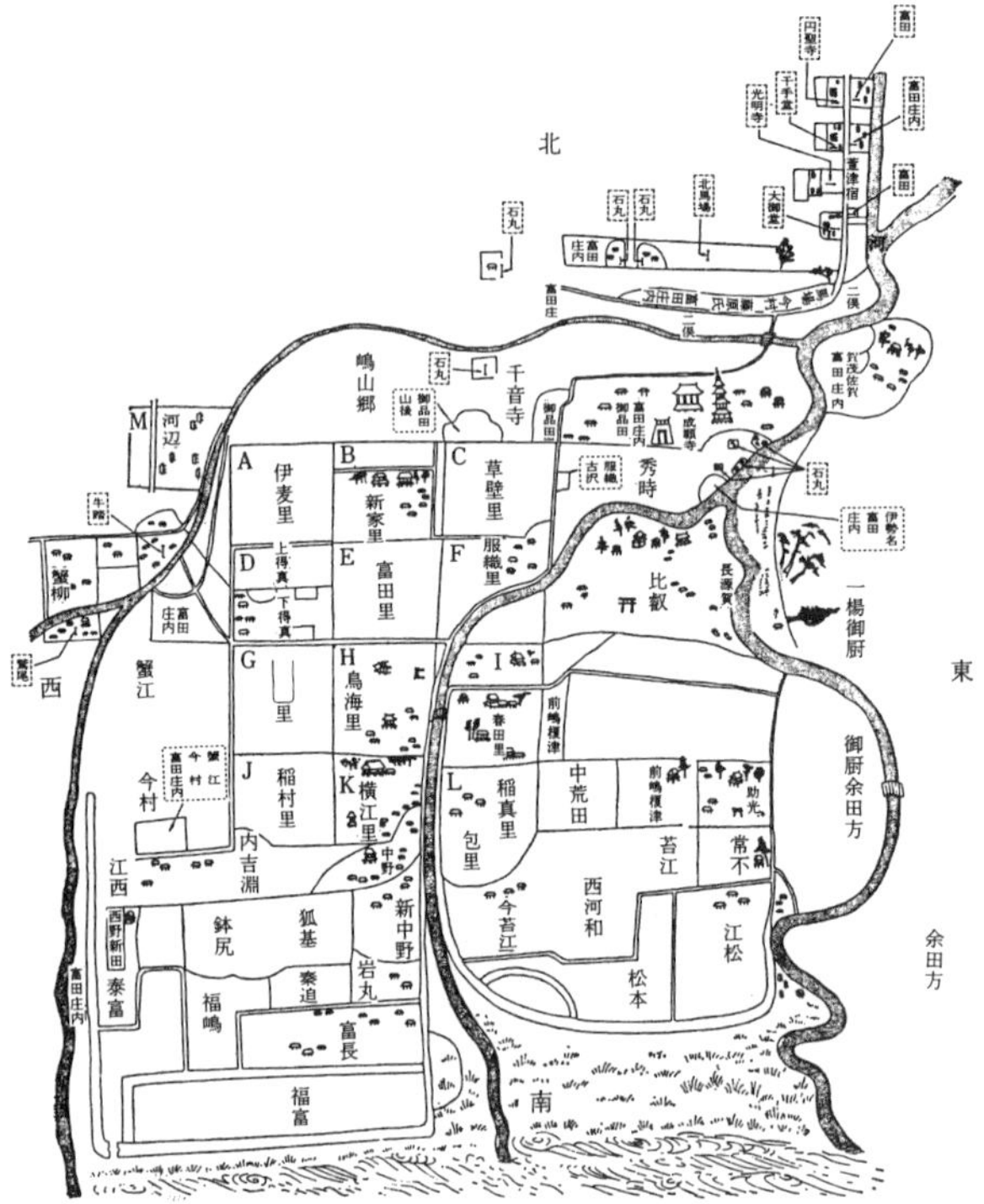

（出所）『微地形と中世村落』

「富長」とか「福嶋、福富」などといった名称が記入されている。

これらの不整形な区画群のさらに南側には、草のような表現が見られ、さらにその南には波のような表現がある。これらは、庄内川・戸田川・蟹江川の河口付近に描かれている。草のような部分は河口付近の湿地帯、波の表現は伊勢湾を示すものであろう。

実は、戸田川の河口付近の西側には富永（名古屋市中川区）があり、さらにその西には福島（同前）という町名がある。それぞれが、富田荘古図の「富長」と「福嶋」に由来するものであろう。この付近は現在、伊勢湾の海岸から約10キロメートル近くも内陸にある。

先に紹介した「木曽川流域濃尾平野水害地形分類図」では、「三角州」とその前面の「新田」地帯を区分して表現しているが、その新田を除いても、富永から海岸まで、約2キロメートルであったことになる。700年ほどの間に、海岸がそれだけ沖へと後退（海退）し、陸化が進んだことを示している。

このような陸化は、内陸の琵琶湖岸の一部でも進んだ。琵琶湖の湖岸近くの浅い湖中には、今でも魞《えり》がみられる。魞とは傘を広げた形の断面のような漁獲施設である。沿岸に沿って泳いできた魚が、傘の軸にあたる部分の施設に止められて沖に向かい、沖の袋状の部分に

図4-2　近江国下八木村図

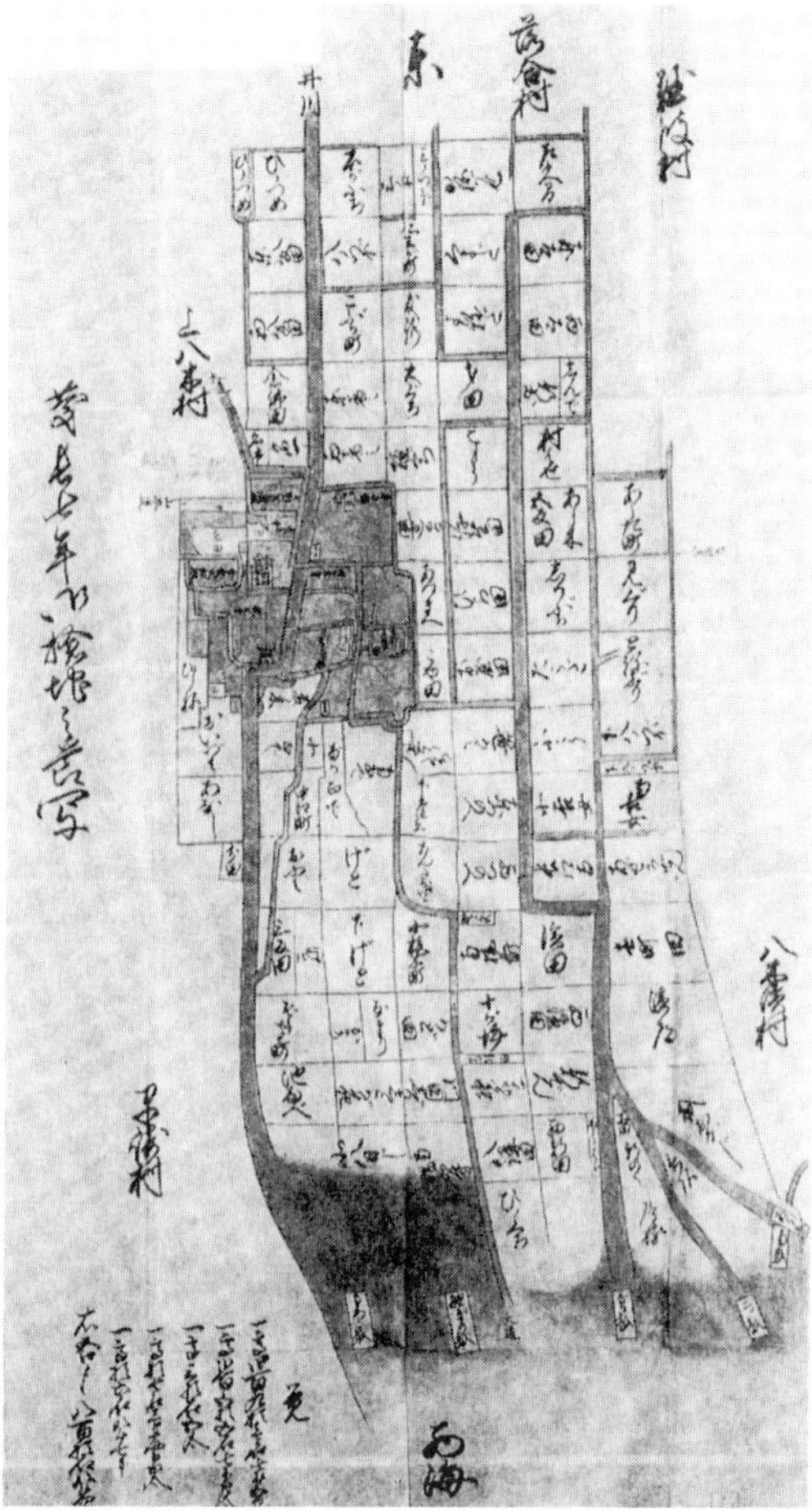

（出所）『微地形と中世村落』

旋回するように遊泳する構造である。そこに網を入れて魚を捕獲するのが魞漁業である。その魞の部分が陸化したことが知られる例がある。

近江国下八木村（現在の滋賀県長浜市下八木町）には、図4－2のような古地図が残されている。同図は、慶長7年（1602）に作製された原図を精巧に模写したものと考えられている。下八木村は湖北（琵琶湖北部）の湖岸にあり、同図のように、方格状の区画（坪、一辺109メートル）が、南北最大7区画、東西16区画以上からなっており、各区画に地名（字名《あざめい》、後に小字名と呼ばれる）が記入されている。地形の分類からすれば、この主要部は三角州平野であり、先端部は三角州である。

この下八木村図には、三角州平野の字名とは別に、琵琶湖の水面に魞名も記入されている。「西海」と記された下八木村西側の湖岸近くである。中央近くの集落を流れる「井川」の河口付近に「もろこ魞」、その南に「野ぎり魞」がある。さらに、「井川」の南側を流れる川は、その河口付近で河道が3本に分かれている様子が描かれている。それぞれの河口付近に、「なか魞、二ノ魞、南魞・あら魞（末尾の二つは同一河口）」の存在が記されている。

これらを合計すると、六つもの魞名が記されていることになる。水色に彩色された水面上

図4-3　旧下八木村の小字地名

（注）実線は川溝、破線は道
（出所）『微地形と中世村落』

の魞名であり、それぞれの名称の魞が実際に、河口付近に設置されていたものであろう。

　ところが同じ場所における、明治時代の旧下八木村の小字名は、図4―3のような状況であった。村域の西側付近に「モロコ、野切、中魞、仁ノ魞、南魞、荒魞」という、六つの小字名がある。このうちの二つには魞の語が付いていないが、それを含めてすべてが、慶長7年の下八木村図の魞名と合致する。

　魞は先に述べたような漁獲施設

であるが、長期にわたって設置し続ける設備である。下八木村では、水田を耕して米を収穫すると同時に、水田の地先の湖岸付近に設置した魞によって魚を獲っていたものであろう。その魞名がやがて、陸化したそれぞれの場所の字名となり、小字名として記録されたものと推定される。

とすればこの付近では、17世紀初めごろから300余年の間に陸化が進み、200メートル前後ほども湖岸が湖側へ後退したことになる。

先の富田荘古図が表現する伊勢湾奥と、この琵琶湖北東岸の下八木村図とでは、比較した資料の時期も、また陸化の程度も異なるが、いずれも海岸や湖岸の陸化が進んだ過程を反映している。これらは主として流入する河川の河口付近での三角州の形成であった。主として河川が運んできた土砂の堆積によるものであろう。

沈水する海岸（海進）と湖岸（湖面の前進）

陸化が進んで陸地が増える現象は、海や湖のほうから見れば、それらの汀線《ていせん》が後退したことになる。そのような場所がある一方で、逆に陸地の沈水が進み、水面が陸地に向かって前進した場所もあった。この現象は海岸でも、また琵琶湖岸でも同様に見られた。先に例とした長浜市下八木町付近では、陸化が進んで湖岸線が湖側へ後退したが、同じ琵琶湖でも、逆に陸地が沈水して、湖岸線が陸側へ前進したところもあった。

延暦寺領「木津荘《こつのしょう》」は、琵琶湖の湖西（西岸）、安曇《あど》川の北岸一帯（滋賀県高島市新旭町および同市安曇川町）に所在した。応永29年（1422）の同荘「検注帳」（饗庭家文書）は、名田の所在地と面積（条里呼称による記載）、さらに字名・畠（畑）・屋敷・免などについての注記などを記録したものである。従って、条里プランを復原すれば、これらの所在地を確認することができる。

この付近は、かつて近江国高島郡であり、同郡の条里プランは、南の郡界から北へ「条（里の列）」を数え進み、西の山裾付近から東の湖岸へ向けて、条ごとに「里」を数え進む様式であったことが知られている。里内の坪の位置は、西南隅の「一ノ坪」から北へ第一列を数え進み、その東側の列を同様に北へ数え進んで（平行式坪並）、里の東北隅が「三六ノ坪」となる様式であった。

高島郡条里の一四条付近から一八条付近に相当するのが、図4－4（1965年測量、琵

図4-4　木津荘域一四〜一八条付近の条里プラン

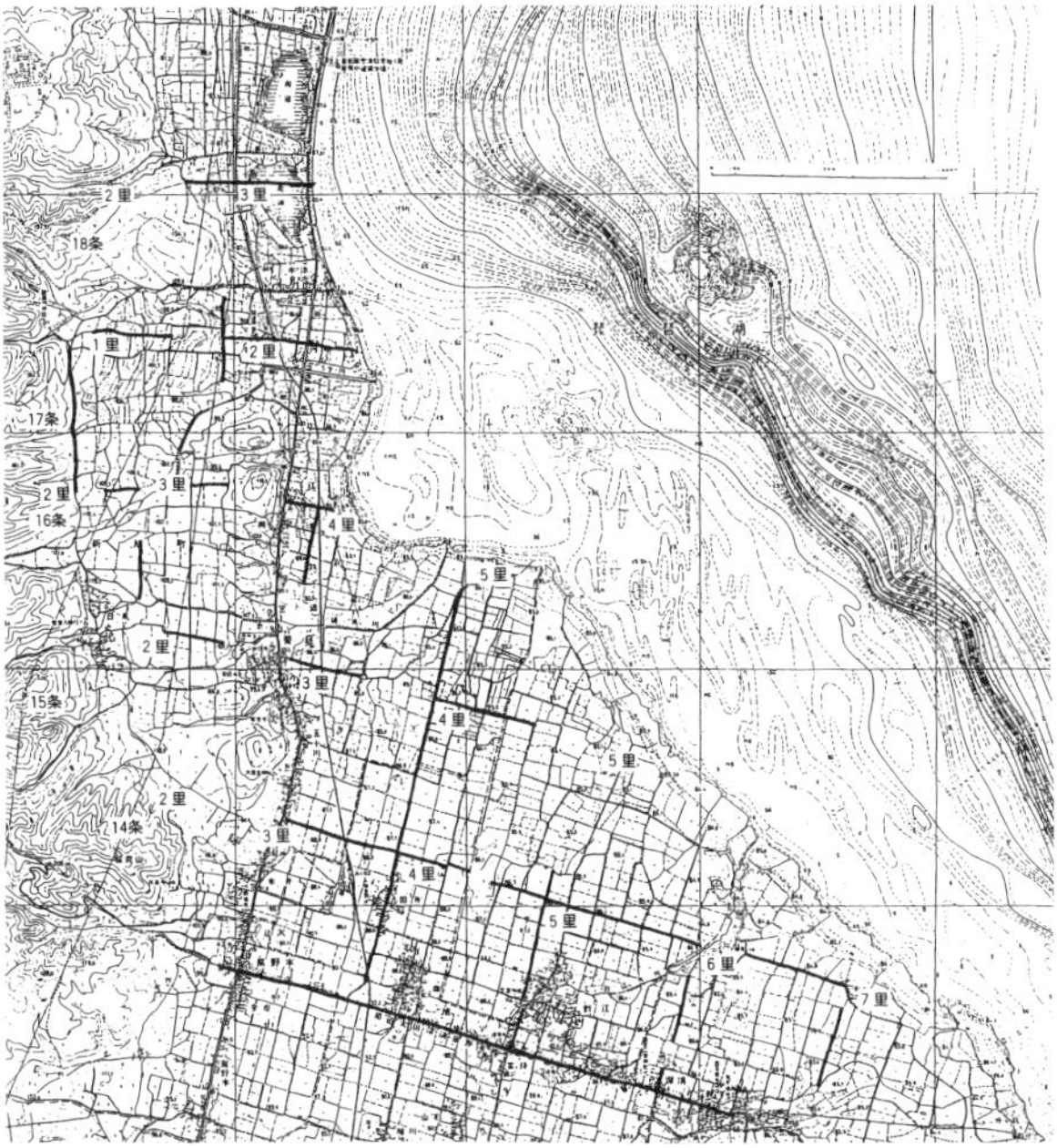

（注）琵琶湖周辺1万分の1地形図（1965年測量）を縮小
（出所）『大地へのまなざし』

琵琶湖周辺1万分の1地形図に、里の境界線を記入して縮小）の一帯である。同図の中央部以南では、条里プランの坪に相当する方格の区画網が、全体として少し東側へと傾いた状況である。これに対してその北側の西北隅では、方格網がやや不明確であるが、全体としてほぼ正しい南北方向である。

煩雑な復原手続きは省略するが、同図に記入したやや太い線は、復原された条里プランの里の境界線である。「木津荘検注帳」には、条里呼称によって田の所在地が記載されているので、その所在を地図上で確認することができる。

図4－5は、一六条四里と五里の部分に焦点をあてたものであり、図4－4のちょうど中央部付近にあたる。

図4－5の上半部の図は、条里プランの坪の区画（面積は当時の一町（1・2ヘクタール））ごとに、名田の面積を棒グラフ状に示したものである。従って、下半部の地形図とは正確に対応するものではないが、坪の区画ごとにほぼその位置を比較することができる。

例えば、図4－5（上図）中央付近において北へ突出した部分がみられるが、これは1422年に、その付近がすべて田、つまり陸地であったことを示す。ところが同下図の地

図4-5　木津荘検注帳記載名田分布と対応部分の地形

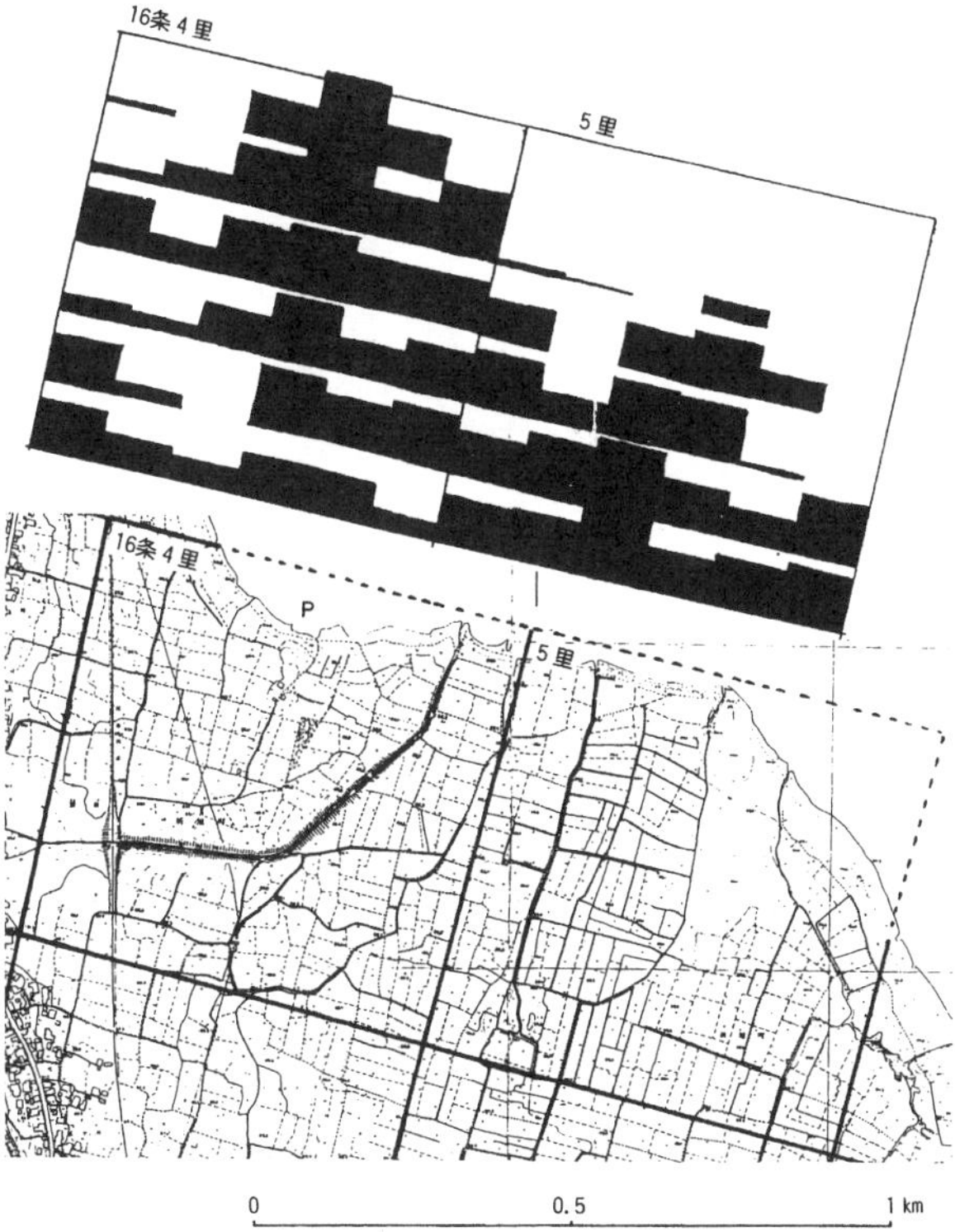

（出所）『大地へのまなざし』

形図（1965年）の上図突出部に対応する位置に、Pを記入した付近は琵琶湖の水面である。つまり、500年余ほどの間に湖岸が前進して、陸地が水面となった（沈水した）ことを意味する。

一般に、比較的新しく土砂が堆積した地形は、時間の経過とともに圧密《あつみつ》によって締まり、量が減るために沈下することとなる。例えば、工事用に積み上げられた砂山が、何年か放置すれば小さくなることと同様である。汀線の水面付近であれば、これが沈水に結びつくことになる。先に紹介した例のような、陸化が進んで汀線が後退した場合は、川からの土砂の供給量が沈下量よりも大きかった結果であると考えられる。

この木津荘域の場合、P付近は河口から離れている。おそらく上流からの土砂の供給が少なかったために、琵琶湖の沿岸流が十分に土砂を供給できなかったことが、陸地の沈水に結びついたものであろう。その結果、湖岸が陸側へと前進したと考えられる。

ところで図4－4には、琵琶湖の湖底部分にも等深線が記入されている。等深線の状況を確認すると、湖岸から1キロメートルほどはかなり浅い湖底が続き、その先で急激に深く落ち込んでいることが知られる。

この浅い部分には、さらに浅い部分が列状に並んでおり、かつての湖岸付近の砂礫《されき》であったと思われる。そのような部分の湖底から、弥生時代の遺物が発見されていることも知られている。これは、かつて湖岸の陸地であったところが、沈水して湖底となった結果であろうと考えられている。P付近と同様に、湖面の陸地側への前進である。

海岸でも陸地の後退が確認される場所がある。日本海側の富山湾東部の沿岸では、海岸が浸食されて、海岸線が陸側へ前進している例が見られる。富山湾東部には黒部川が流れ、緩やかな傾斜で大きな扇状地が広がっているが、その扇状地が直接、海岸にまで達しているのである（本書カバー写真参照）。

普通であればその前面に、さらに自然堤防帯や三角州平野などが続いている。それに比べると、扇状地が海岸に達するほどの黒部川の堆積が、いかに大きかったかの一端が知られる。あるいはその先端を浸食するほど、沿岸の流れや波涛が激しいことにもなる。

19世紀前半に伊能忠敬が日本沿岸の測量を実施していたころ、越中国射水《いみず》郡高木村（現富山県射水市高木）の石黒《いしぐろ》信由は、沿岸のみならず内陸部の測量も開始し、後継者も含めて、加賀、能登、越中の地図を完成した。

図4-6　新旧地図比較でわかる陸地の後退

新川郡村々組分絵図（部分、高樹文庫、新湊博物館管理）

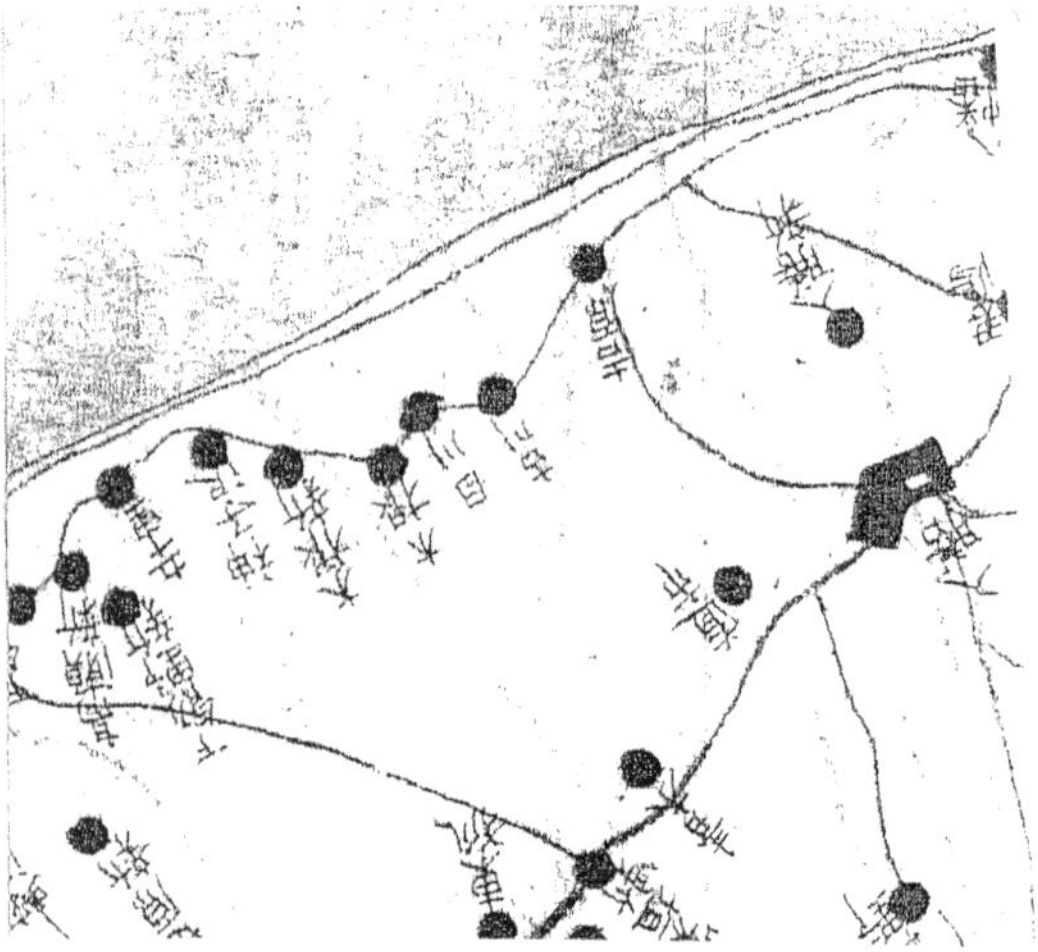

石黒図対応部分の5万分の1地形図「三日市」（部分）

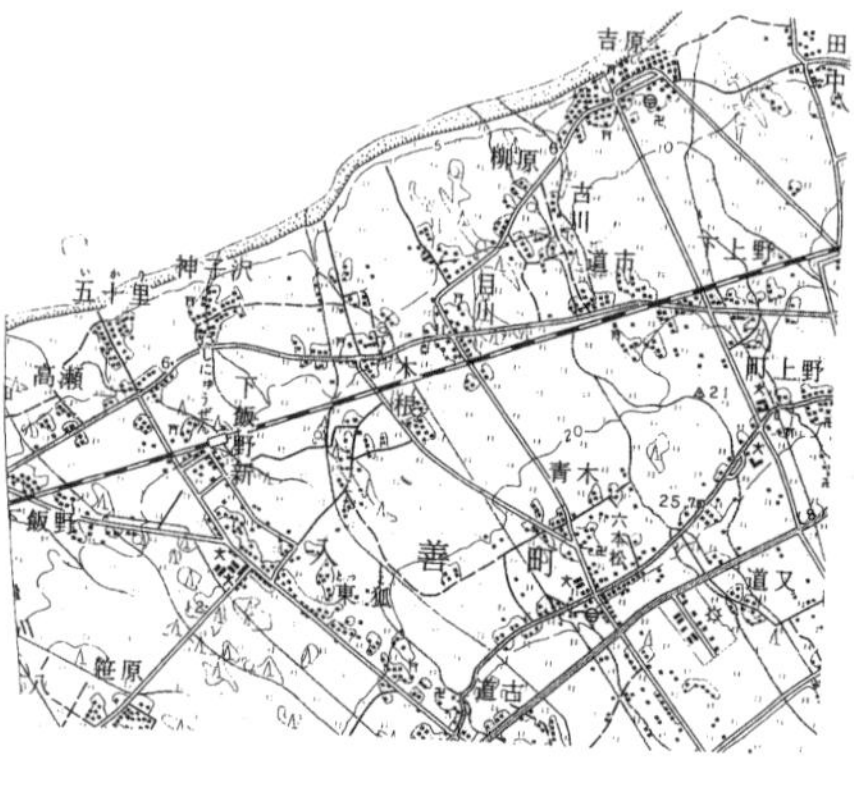

図4－6上部は、石黒信之作製による越中国「新川郡村々組分絵図（高樹文庫、射水市新湊博物館管理）」である。同図は、一里を一寸二分（約10万8000分の1）に表現した、黒部川河口の東側海岸一帯の部分である。図4－6下部の5万分の1地形図と比べやすくするために、石黒図の縮尺を相対的に約2倍に拡大したものである。

石黒図では、海岸に接した位置に、海岸に沿う形で1本の道が存在する。その内陸側に、緩やかに湾曲したもう1本の道があり、「神子沢、木根新、木根、目川、古川、吉原」といった集落が並んでいる。神子沢と吉原は比較的海岸に近いが、それ以外の集落は、湾曲した道路に沿って、内陸側に位置する。

同じ場所の5万分の1地形図と比べると、次のことを確認することができる。

- 地形図にはまず、石黒図にある海岸沿いの道路が存在しない（防波堤はある）。
- また、両者にほぼ対応する集落名があり、木根新の村名だけは地形図に記入されていないが、木根のやや海側に木根新に相当する集落の表現がある。
- ところが、石黒図では湖岸の道路から離れて、内陸側の道路沿いにあった吉原が、地形図の段階では、完全に海岸に接して位置する。

石黒図は一般にきわめて正確な測量図であることが知られているが、そうであるとすれば、図4－6上部石黒図の吉原集落は、少なくとも200メートルほどは海岸に近づいていることになる。海から見れば海岸の前進であるが、先に述べたような陸地の沈水による海進の結果とは即断できない。

現在の海岸には、浸食を防ぐためのコンクリート製防波堤が建設されており、図4－6下部の地形図にもそれが表現されている。つまりこの付近では「新川郡村々組分絵図」が作製された天保9年（1839）から150年ほどの間に、陸地が200メートルほど浸食されたことになるとみられる。

立山連峰から流下する黒部川による、膨大な堆積量にもかかわらず、日本海側の強い潮流や波涛によって海岸の低地が浸食されたものであろうか。

その主要な理由の一つは、黒部川などの上流における多くのダム建設であり、それによって砂礫・土砂の海への流入が激減したことにあると考えられている。

富山湾には流入する大河川が多いが、いずれもダム建設による治水と灌漑用水の取水、ならびに発電所の設置が行われている。その結果、海岸浸食が激化したものであろう。あるいは浸食は以前と変わらないにもかかわらず、堆積量のほうが減少した結果であると表現できるかもしれない。

富山湾のみならず、とりわけ海流が強く、また沿岸流の影響が直接海岸に及ぶ日本海側では、波が高いこともあって、近年とりわけ、海岸浸食の進行が著しいことが知られている。

山崩れと水害

先に述べた庄川の場合、天正13年（1585）に地震が発生し、庄川峡谷部に山崩れが起こって土砂が川をせき止め、やがてそれが崩壊して奔流となり、河道が変遷した。その事実は判明しているが、細かい状況は不明である。

ところが、弘化4年（1847）の善光寺地震とその後の水害の場合、きわめて詳細な経過と、甚大な被害の実情が記録されている。

史料を整理した『長野県史（通史編第6巻）』によれば、おおよそ次のような経過であった。

善光寺地震は、弘化4年3月24日午後10時過ぎに発生した。松代藩家老の河原綱徳は、地震の中を城にたどり着いて藩主のご機嫌をうかがい、また次々と注進されてくる被害に対して、救済の手立てと火の用心を指示した。同時に、幕府への震災状況の報告のための早飛脚を仕立てた。

松代藩では、本丸以下の倒壊や大破のほか、城下の藩士の家の被害は、全半壊324軒、大破654軒、民家はそれぞれ281軒、114軒であり、圧死者32人であった。領内在方では、同様に12129軒、3120軒、2100人余に加え、死んだ馬牛260匹（頭）余に及んだ。近くの飯山藩や上田藩でも被害が大きく、特に善光寺町の被害が甚大であった。

3月10日から善光寺の御開帳でにぎわっていた善光寺町では、地震で圧死した人も多かった。さらに、火事が発生して二日二晩燃え続けたことが、被害を極めて大きくした。善光寺本堂を除く、寺中四六坊がすべて焼け、町屋の全壊160軒、焼失2200軒、住民の死者約1400人、旅人の死者は1029人と被害甚大であった。残った家はわずか140余軒に過ぎなかったという。

松代藩では先の第一報以来、十数回にわたって幕府に被害届を提出して、拝借金と国役御普請の願いを申請し、領民には炊き出しを行い、手当金と米を下付した。

これが地震と火事の様相であるが、災害はこれに止まらなかった。松代藩家老河原は次のように記録している（『むしくら日記』）。

地震があった翌25日、「その後の注進によると、山中に山抜け（山崩れ）があったとみえ、犀川《さいがわ》下流の流れが次第に細く枯れて、七ツ時頃には膝のたけにも及ばぬほどに」なった、と記している。

犀川上流の虚空蔵山（岩倉山）が崩れて、川を堰き止めた結果であった。堰き止められた上流では大湖水ができ、その水が一時に押し出せば、下流は大洪水になると予想された。しばらくして、この時の山崩れと湛水を描いたのが図4−7（「弘化丁未春三月廿四日信州大地震山頽川塞湛水之図」）であり、この状況をよく説明している。

同図は印刷・刊行された地図であり、震災状況を広く知らせることになった。地震によって家がつぶれた村々を黄色、焼失した町と村を赤色、山崩れの場所を肌色で示し、川を堰き止めてできた大きな水面を青で表現している。塞き止められた犀川の水がなくなり、流れな

図4-7　山崩れと湛水を描いた
「弘化丁未春三月廿四日信州大地震山頽川塞湛水之図」

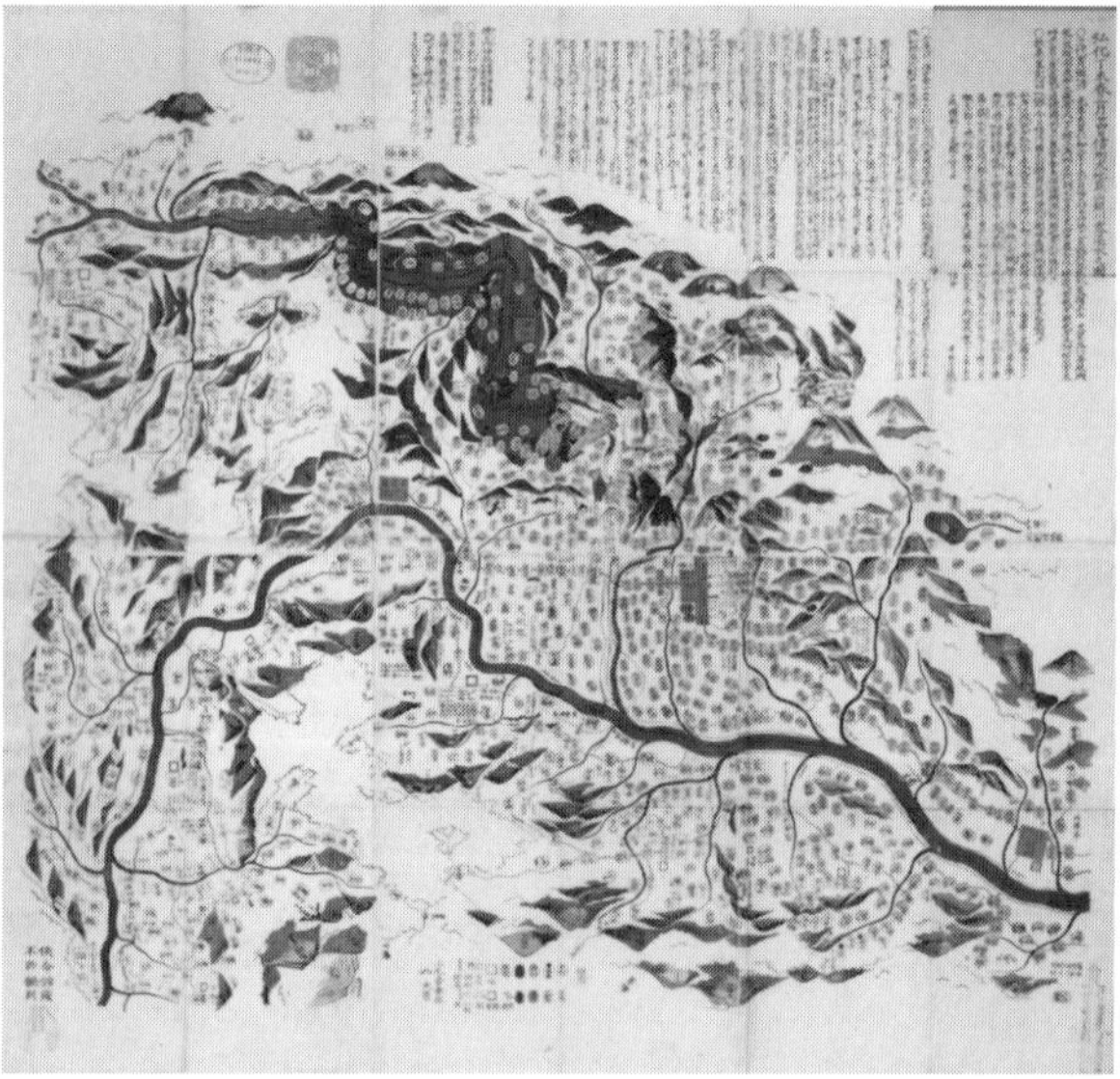

（出所）京都大学総合博物館蔵

くなっている様子も表現されている。

　松代藩では、山崩れ部分の下流側を掘り広げて河道を整備し、また、新しい堤防の築造と従来の堤防の補強を進めた。地震で山々へと逃げていた村民をかりだし、10日余にわたって、毎日1000人ほどを動員した大工事であった。さらに、急を知らせる狼煙の手筈を整え、村々に助け舟や筏も準備させた。

しかし4月に入って大雨となり、13日には一気に激流が押し出して、川中島平（善光寺平南半部の千曲川流域）全体に水害を及ぼした。藩の努力の甲斐なく、防災工事はほとんど用を果たさなかったのである。

図４－８（「弘化丁未夏四月十三日信州犀川崩激六郡漂蕩之図」）は、先の図４－７と同じ原版（右側3分の2）を基図として使用し、この状況を表したものである。

同図では、犀川の激流が無数に分流して下流側へ押し寄せたように表現されている。この表現は、村名を確認することができるように、村形（村名を囲んだ楕円）を刷り残して示されている。しかし、はからずしも水流が、まず旧河道へ押し寄せ、自然堤防上の集落部分の水没が相対的に遅れたり、被害が相対的に少なかったりした状況をも反映しているのであろう。

犀川が合流した後における、千曲川本流の水害もまた甚大であった。とりわけ同図に「高井郡、小布施」（長野県上高井郡小布施町）と記入された下流側一帯には大きな水面が描かれ、水害が甚大であったことを表現している。

この付近では千曲川本流が、平地が狭くなった狭隘部を流れるので、増水時に滞水しやす

図4-8　弘化丁未夏四月十三日信州犀川崩激六郡漂蕩之図

（出所）京都大学総合博物館蔵

図4-9　千曲川の河川決壊・浸水

（出所）国土地理院/編・日本経済新聞

いだけでなく、左岸に浅川が、右岸に松川等が流入する部分でもあって、水害が増幅する可能性が高い地域である。

最近の長野市洪水ハザードマップでは、この付近一帯は1000年に1回程度の降雨によって「氾濫流による家屋倒壊等」が発生する可能性のある範囲として区分されている。

令和元年の豪雨による水害の報道で広く知られることとなった、北陸新幹線の車両基地を含む一帯である（図4－9、写真2－3参照）。もともと水害を受けやすい地形条件であった。

なお図4－8の犀川崩激図上端部に記載された文章は、『三代実録』が記録する仁和3年（887）の地震以来、弘化4年10月までの余震や水害など、さまざまな被害の状況を説明したものである。

このように山崩れが原因で、水害が発生した例は多い。もう一例、大水害の場合を紹介しておきたい。図4－10は、立山から流下して富山湾に注ぎ込む常願寺《じょうがんじ》川の流域である。安政5年（1858）2月26日、やはり地震によって山崩れが発生し、それが水害を起こした例である。

同図の上部（南）の山岳地における、常願寺川の最上流部において、「山崩」が発生したことを表現している。「大鳶、小鳶」の山嶺付近から流下する「湯川」と、「薬師ヶ岳」から流れ出る「真川」の流域であった。

この大鳶と小鳶は、山全体に崩れがあったように表現されている。さらに、湯川東岸の山並みの麓と、真川西岸の山並みの麓が、それぞれ列状に崩れたように薄茶色で表現されている。列状の山崩れの表現は、絵師があたかも断層が所在したように認識していたことを反映しているのであろうか。

湯川と真川が合流した後、さらに支流の称名《しょうみょう》川をあわせて常願寺川は流下する。合流後の常願寺川の峡谷部分は、河道を表現しているだけで災害の表現はない。ところが平野に出てから、暗青色で表現された洪水部分が広がっている。洪水は、常願寺川沿い一帯から、西

図4－10　安政5年（1858）12月26日常願寺川の流域水害図（上が南）

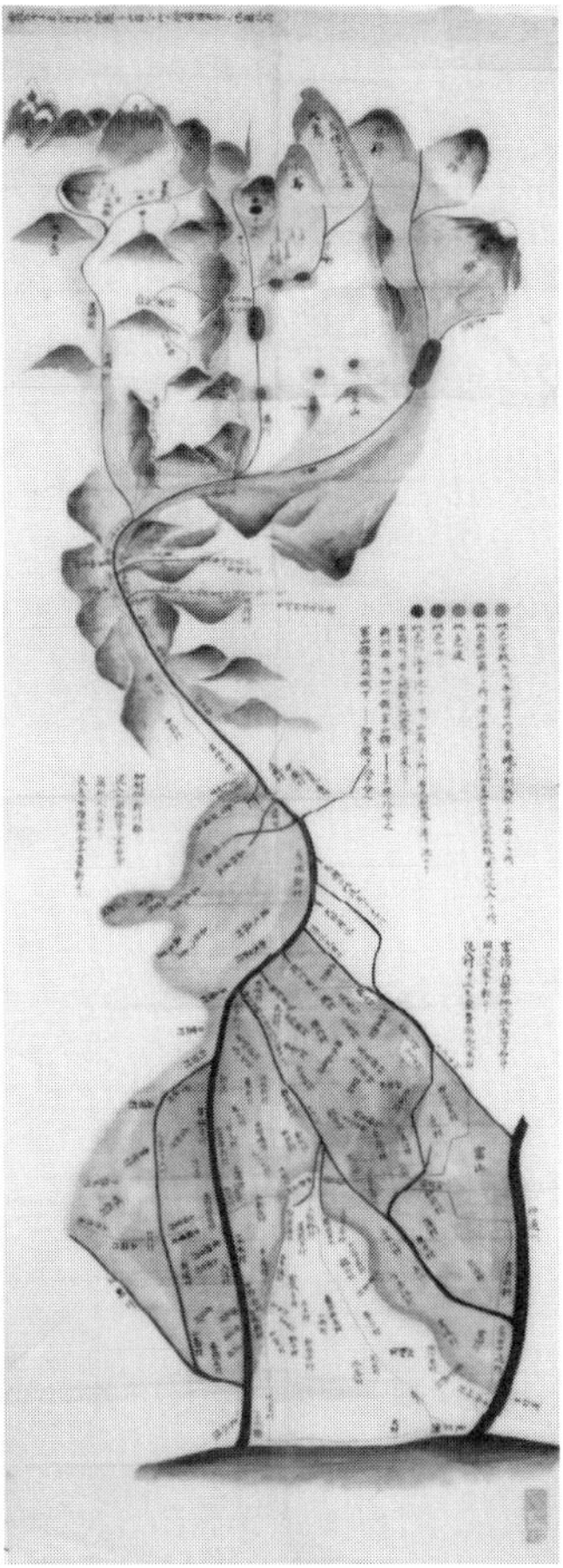

（出所）京都大学総合博物館蔵

南方の「神通川」にまで及んでいた。

常願寺川は先に述べた黒部川の西南方であり、やはり扇状地を形成しているが、扇状地の先には自然堤防帯と三角州平野が広がる。常願寺川の洪水の被害を描いたこの絵図によれば、洪水の堆積をもたらすような「泥水」は、富山湾までは及んでいなかったようである。

被害は、加賀藩領の越中国新川郡（現在の富山市・中新川郡など）において、「泥入《どろいり》御田地二万二千石余、溺死人《できしにん》三百斗《ばかり》、流失家損家、合《あわせて》千五百斗」、富山藩領「御田地泥水付一万石斗、同泥入家十軒斗、泥入村幷流失家厩溺死人未詳」とあり、合計、田地3万2000石、家屋等1510軒以上、溺死者300人ほど（加賀藩領のみ）であった。泥入り、泥水付き、と表現されているように、濁流によって溺死と家屋流失が発生し、さらに広範な田地への土砂の堆積があったものであろう。

この流域のハザードマップ、「常願寺川水系常願寺川洪水浸水想定区域図」（図4－11）では、48時間の流域総雨量776ミリとの想定の下で、洪水予測を6段階に区分している。予測水深の少ないほうから、0・5メートル未満、0・5～3・0、3・0～5・0の3段階のうち、最も少ない0～0・5メートル未満の部分は、基本的に扇状地上の微高地や自然堤

図4－11　常願寺川水系常願寺川洪水浸水想定区域図

凡 例
浸水した場合に想定される
水深
（ランク別）
0.5m未満の区域
0.5～1.0m未満の区域
1.0～2.0m未満の区域
2.0～5.0m未満の区域
5.0m以上の区域
浸水想定区域の指定の対象となる洪水予報河川
この浸水想定区域図は、概ね150年に1回程度起こる大雨が降ったことにより、常願寺川がはん濫した場合に想定される浸水の状況をシミュレーションし、常願寺川の河口から上流21．5k地点までの洪水予報区間で洪水はん濫した場合において想定される水深を示したものです。
詳細はこちら

（出所）国土交通省北陸地方整備局富山河川国道事務所

防帯の自然堤防部分である。洪水浸水範囲を、先に紹介した図4－10の安政5年の水害とほぼ同様に表現しているとみられる。

山麓の山崩れ

犀川の上流や常願寺川上流などで発生した山崩れは、まず山間で川を堰き止めた。河道変遷と霞堤の説明で触れた庄川の場合も同様であった。大水害は、それが崩壊して発生したものであった。大きな災害は、下流域で水害として発生したのである。山崩れを引き起こしたのは、いずれも地震であった。

ところが平成28年（２０１６）の熊本地震や、平成30年の北海道胆振《いぶり》東部地震などでは、山崩れそのものが人の居住地近くの山麓で発生し、直接の土砂災害などをもたらした。これらはマスコミ報道と、その際の多くの報道写真によって詳しく報じられたので、我々の記憶に非常に新しい。

熊本地震では、阿蘇山を取り巻く外輪山の、カルデラ壁にできていた崖錐《がいすい》（山の崩壊による堆積地形、山麓の小扇状地よりもはるかに急傾斜）が、長さ約７００メートル、幅約

２００メートルにわたって崩壊した。九州を西南・東北方向に走る布田川《ふたがわ》断層の、ちょうど線上にあたる地点であった。この山崩れにより、阿蘇大橋（崩落）付近においては、国道57号とJR豊肥本線に土砂が覆いかぶさり、分断されて不通となった。

山崩れは、現地に赴くとそれぞれの激しい痕跡を見ることができるが、地上から全貌を視野に入れることは、なかなか困難である。熊本地震では、阿蘇山の中央火口丘付近でも山崩れが発生し、さらに阿蘇山から鹿児島県出水《いずみ》市に至る断層に沿った部分でも甚大な地震災害が発生した。これらの多くの被災地全体で、死者と行方不明者が２６７人に及んだ大災害であった。

一方、北海道胆振東部地震の場合は、テレビ報道にまず驚かされた。私が最も驚いたのは、テレビの画面全体に映し出された、無数の山崩れ（斜面崩壊）が並んだ状況（写真４－1）であった。

被害が特に大きかった勇払《ゆうふつ》郡厚真《あつま》町一帯は、支笏《しこつ》カルデラ・恵庭岳・樽前山などの火山灰が広く堆積した地層であった。特に表層部は、厚さ2メートルほどの、未固結（岩石化していない）堆積物におおわれていて、地震によって崩壊しやすい地層であった。

写真4-1　斜面が崩壊し、家々が土砂にのみ込まれた（北海道勇払郡厚真町、毎日新聞社/アフロ）

写真4-2　広島県道32号線沿いで発生した山崩れ

厚真町中心部の平地を形成した安平《あびら》川の流域には、厚真の市街地をはじめ、集落や農地が存在する。その中の吉野地区は、市街中心から安平川上流の東岸部にあたる。吉野地区では、山麓に家々が並んでいたが、それも写真４―１のように斜面崩壊にのみ込まれてしまった。北海道胆振東部地震の死者・行方不明者は43人に上ったという。

地震ではなくても、山腹や山裾付近では山崩れや地滑りが起こりやすい。写真４―２は、広島県東広島市西城町と同市安芸津町との間の広島県道32号沿い（蚊無《かなし》トンネル付近）で発生した山崩れである。この場合、県道沿いの山側斜面の表面が、幅10メートルほど崩れて滑り落ち、道路沿いの建物２棟が被災した。さらに、土石が県道を覆い、山裾の反対側のガードレールまでも破壊した。この山崩れは、ごく最近の平成30年（２０１８）７月６日の豪雨とともに発生したものであった。

東広島市ハザードマップでは、土砂災害についての表現が詳しい。土砂災害を、「土石流危険渓流」「土石流被害想定箇所」「急傾斜地危険崩壊箇所」「急傾斜地崩壊想定箇所」「地すべり危険箇所」の５種類に分類して図示している。土砂災害を発生しやすい地質が多いことを反映しているのであろう。

ハザードマップでは、広島県道32号沿いの、蚊無トンネルと東広島駅の間に、土石流危険渓流が4カ所と急傾斜地崩壊想定箇所が3カ所、計7カ所が図示されているが、写真4－2の箇所はそのいずれにも含まれない。それほど予測が困難であるか、全体に崩れやすい地層であることの一例であろう。

事実、この県道沿いの山腹や山裾には、同時に多くの地点で類似の山崩れが起こった。このような山崩れは日本各地のどこでも発生する可能性があるが、中国山地に多い真砂土《まさつち》地帯では特に多い。真砂土は花崗岩が風化してできた砂土であり、砂鉄を含むので、中国山地ではたたら製鉄が盛んに行なわれた対象でもあった。

例えば島根県奥出雲一帯では、そのためにまず砂鉄を含む真砂土の山を崩して、それを川ないし用水路に流した。水流で土と選別して、比重の重い砂鉄を抽出したのである。この作業の結果、山が崩されて姿を消したり、低い丘となったりした。それらの跡地には、やがて棚田が造成された。砂鉄採取の川や用水路が、代わって灌漑の水源となって、棚田の耕作が可能となったのである。

このような過程があったことから、この地域は、たたら製鉄と棚田が結びついた「奥出雲たたら製鉄及び棚田の文化的景観（島根県仁多郡奥出雲町）」として、国の重要文化的景観に選定された。

このような奥出雲の例でも知られるように、真砂土の山腹や山裾は極めて崩れやすいのである。直接の契機が地震であれ豪雨であれ、これらはそれぞれの地域における、自然の営力による地形変化の一過程であろう。斜面や谷はこのようにして発生する地形変化が表れやすい地点である。

ただ、その現象に遭遇した人々にとっては、未曽有の大災害に違いない。とりわけ、長期間を置いて間歇的に起こる地形変化の現象は、人間社会の日常の時間経過とは大きく異なることが多い。時には、人間の歴史をはるかに越える、悠久の時間スケールの中で発生する現象である。

先に取り上げた海辺・湖辺はもちろん、山裾もまた変化の著しい地形である。陸地の先端あるいは地形の先端であるとともに、変化の最先端とでも言えるかもしれない。そこでは、人々が関与していなくても地形は変化する。そのような変化が地形をつくってきたのである。

しかし、人々にとってそこが生活の舞台であれば、そのような地形変化の過程そのものが、災害に直結する可能性の高い場所でもある。

地すべり地域に多い棚田

平野を取り巻く山地の麓付近や、山間の傾斜地には棚田が見られることが多い。もともと棚田とは、一枚一枚が非常に小さい水田が、傾斜地にひな壇状に集まった水田群である。

歴史的には、個人の努力で開墾して小さい水田をつくり、さらに可能な場合には、いくつかの棚田を統合して少しでも大きくした。「セマチ直し」と呼ばれることのあるこの過程が、歴史的に続いてきた場合が多いものの、それでも棚田の一枚一枚は平地の水田のように大きくはなかった。

近年では、多大な労働力を要する棚田耕作の農作業を少しでも軽減するために、小型機械であっても導入することができるように、棚田を整備して大型化（とはいっても、平地の圃《ほ》場《じょう》整備に比べると小さいのが普通）されていることが多い。

しかし依然として、多大な労働力が必要なことは変わらない。国指定の名勝「姨捨《おばすて》」、また国選定の重要文化的景観「姨捨の棚田」（長野県千曲市八幡）でもある有名な場所であっても同様である。このような棚田地帯では、経営を維持するための労働力不足と経済的な困難を補うために、広く参加者を募る「棚田オーナー制度」を実施している場合もある。

姨捨の棚田は、「田毎《たごと》の月」として文学的にも有名である。棚田は、三峯山の東側に相当する扇状地状の斜面に広がる。その成因は、土石流とも、古い崩壊に由来する堆積物の再移動ともいい、いずれにしても急傾斜の小扇状地のような形状である。このような棚田がつくられている斜面の成因や傾斜はさまざまである。

比較的古い時期から存在する棚田には自給的なものが多く、また相対的に緩やかな傾斜地のものが多かった。岐阜県恵那市の坂折《さかおり》地区のように（写真4－3）、斜面にもともと岩や石が多かった土地では、開拓・水田化の際にそれを取り除く必要があった。坂折の棚田の場合には、ひな壇のような棚田の水田面をつくるために、取り出した石材を積み上げて石積みをつくった。

これに対して、20世紀に入ってからつくられた相対的に新しい棚田には、米の需要増に対応して急傾斜地につくられたものもある。例えば佐賀県唐津市蕨野《わらびの》の場合は、北九州にお

写真4-3　坂折の棚田（岐阜県恵那市）

写真4-4　蕨野の棚田（佐賀県唐津市、アフロ）

写真4-5　地すべり地域の棚田（滋賀県大津市）

ける炭田の開発に伴った、食糧重要の増大に対応したものであった。このように造成された棚田には、水田の平坦面を画する段が、数メートルの高さの石垣でつくられていて、城壁の石垣を連想させるほどのものがある（写真４－４）。

さて、緩やかな傾斜地につくられた伝統的な棚田には湾曲した斜面に形成されているものがある。例えば琵琶湖西岸の比叡山の麓一帯（滋賀県大津市仰木）では、深い谷が見られることは少なく、浅く広い、明るい印象の棚田地帯である。もちろん大型機械の導入は困難であり、多くの労働力を加えて耕作されている。

このような場所の多くは、しばしば地すべり地域であり、写真4－5の地域もそうである。地すべりとは、土地の一部がすべって移動することで、その現象が発生しやすいのが地すべり地域である。

地すべりが発生する地域には、多くの場合、地下水が豊かであることが知られている。積雪の多い、北陸や東日本の日本海側にこの例が多いことも知られている。とりわけ融雪や豪雨などによって地下水が増大し、地下水位が高くなった場合などには、地すべりが発生しやすい。

通常、地すべりによる土地の移動は、年に数ミリメートルから数センチメートル程度である。普通は移動を実感できない程度であるが、地震動などが加わった場合には、棚田の段をつくる土羽《どは》や石垣が崩れる場合や、棚田の底が割れるなどの災害に結びつく場合がある。

しかし、一方で地すべり地域では、なだらかな傾斜地がつくられ、地下水が豊かであるので、棚田であれ、水田をつくるのに適した土地である。しかも土地が肥沃である場合が多く、多大な労働力の投入を厭わねば、耕作にはむしろ有利であった。地すべり地域に広がる、のどかな棚田地帯は、一方で地形変化の最先端の一例でもある。

第 5 章

崖の効用、縁辺の利点

生活と生業の舞台

初めて水害地形分類図が作製されたのは濃尾平野であった。このことはすでに述べたが、濃尾平野はまた、先に概観したような日本の平野の基本的な地形がそろっていることでも注目される。これまで濃尾平野各地の例に言及してきたが、人々がどのような地形を生活の舞台としたかについて、全貌を振り返ってみるにふさわしい平野でもある（図2－2参照）。

濃尾平野の尾張部分（尾張平野）は、東は山地、北と西は木曽川、南は伊勢湾に囲まれている。東側の山地の麓には、北の犬山付近から南の熱田台地まで、断続的に台地が存在している。台地は小さな水流で浸食されて開析谷《かいせきこく》を伴っているのがほとんどであるが、犬山東南付近の台地上は逆に、東側の山地から流れ出る小河川によって台地上が完新世の堆積層に覆われている。

台地上は一般に水流に乏しいが、犬山東南付近は台地上でありながら、灌漑用水が得やすい条件となっているのである。

断続的に分布する台地の西側一帯の低地は、上流から扇状地、自然堤防帯、氾濫平野、三角州平野、三角州が順に展開する、典型的な低地となっている。扇状地は犬山付近を扇頂として半径約10キロメートル、45度ほどに開いた扇形に広がるが、木曽川の旧河道は扇状地を浸食して開析谷を形成している。扇状地上が、完新世段丘のようになっていることになる。

扇状地の下流には自然堤防帯が広がり、さらに下流側には氾濫平野、三角州平野が広がる。下流側に行くほど自然堤防の比率が少なくなり、後背湿地が増加する。

図５－１（山田郡と海部《あま》郡の一部、および知多郡を除く）には、このような地形分類と条里地割の分布とを重ねて表現している。条里地割はすでに紹介したように、８世紀に成立した条里プランが定着して利用され続けた結果、一町（１０９メートル）方格の地割となって展開したものである。

条里地割の分布は、木曽川の直接的な水害から比較的安全な、三宅川付近以東の後背湿地に展開する。東側の台地上には基本的に分布がみられないが、小河川の堆積物に覆われ、灌漑用水に恵まれている犬山東南付近の台地上は例外であり、条里地割のまとまった分布がみられる。

ただし、もともとの条里地割の施工技術のレベルや、水害とその復旧過程の単位などを反

図5-1　尾張平野の地形と条里地割分布

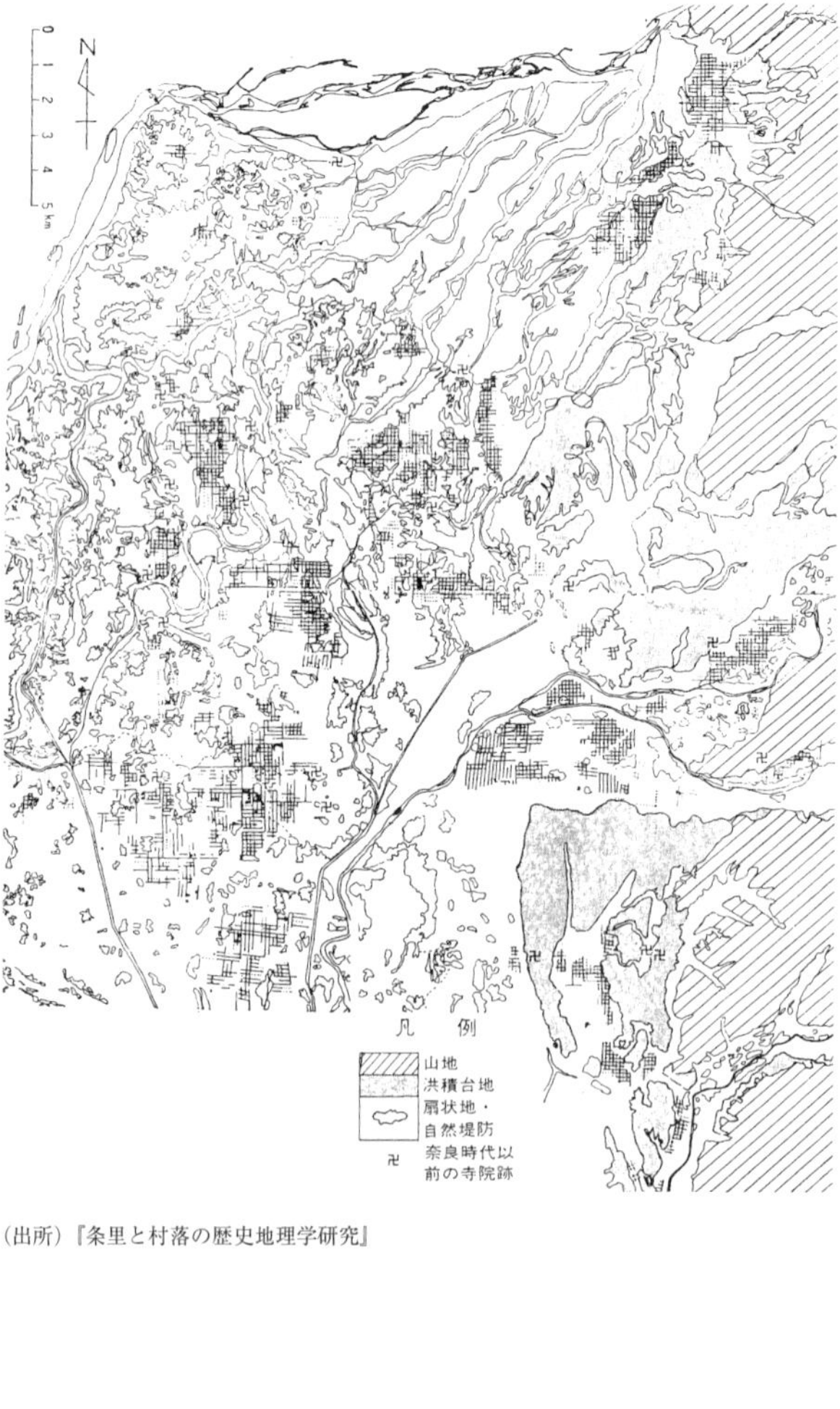

（出所）『条里と村落の歴史地理学研究』

映して、条里地割群のまとまりは一連の後背湿地の広がり程度の規模となっている。しかも自然堤防を介して、隣接する条里地割群とは不連続である（方格が連続しない）ことが多い。先に、自然堤防が集落や畑に利用され、後背湿地が水田に利用されるという一般的な土地利用のパターンを説明したが、その状況は基本的に尾張平野においても共通していたとみてよいであろう。

『和名類聚抄』（『和名抄』とも）の記載によれば、尾張国は中島（8郷）、海部（12郷）、葉栗（5郷）、丹羽（12郷）、春部（6郷）、山田（7郷）、愛智（10郷）、知多（5郷）の8郡、計65郷（郷は古代の行政単位）からなっている。さらに同書は尾張国の「田」の面積を、9450町8段185歩（古代の1町は1・2ヘクタール、約1万1341ヘクタール）と記載している。

『和名抄』記載の郷は9世紀ごろの状態と考えられているが、もともと「五十戸」を単位として編成された「里」を改称したものであり、一戸の人数のばらつきが極めて大きく、郷としての人口等は不明である。

また古代における「田」とは、麦・粟・稗など、現在でいう畑の土地利用（雑穀栽培地）

を含むものであった。この尾張国の田の面積は、同じく『和名抄』記載の大和国や摂津国よりやや少ないが、山城国と類似の規模である。仮に一郷平均を算出してみると210町（252ヘクタール）となり、方格内の全面が田であったと仮定すれば、条里地割の方格の210区画分に相当することとなる。

庄内川流域の自然堤防帯（現在の名古屋市）に存在した醍醐寺領尾張国春日部郡安食《あじき》荘の場合では、康治2年（1143）の地目の全容が知られる。同文書に記載された総面積508町の内訳は、田112町余、畠103町余、荒地・川など326町余（総面積には、一部台地上を含む、川は庄内川、荒れ地は台地上）であった。少なくとも荘域の半分弱が田と畠であり、残り半分強が河川や荒地であった。

これらと単純に比べることはできないが、元禄14年（1701）になると、尾張国は八郡、計1085村、総石高52万石余であったから、よく換算されるように一石一反とすれば、5万2000町（近世の一町はほぼ1ヘクタール、5万2000ヘクタール）となり、先に述べた『和名抄』記載面積の4・6倍程となる。

そこできわめて乱暴な想定であるが、山地を含む尾張国全体の半分が、台地を含む平野だと仮定してみたい。とすれば、その面積は約8万ヘクタールとなる。

そのうち、さらに半分が木曽川扇状地と自然堤防であり、それ以外が後背湿地部分であるとすれば、おおよそ平野の4分の1が、水田に適した後背湿地部分であることになる。その面積は約4万ヘクタールとなり、元禄14年石高の換算面積よりやや少なく、また『和名抄』記載面積の約3・5倍となる。

このように操作した数値が意味するところを推測すると煩雑になり、また、さらに憶測を重ねることにもなるので、ここでの議論は避けたい。ただし結果的に、古代・中世ころには安食荘域のように、後背湿地の半分ないしそれ以上の部分が耕地として利用されていた状況は、この操作の範囲の数値と矛盾しないであろう。

それが18世紀初めになると、自然堤防の部分もふくめて、平野の低地のかなりの部分が利用されていたことが知られる。これが人々の生業と生活の主要な舞台であった。

崖の利用と人工的な「崖」の造成

このように平野の低地の部分が、生活と生業の主要な舞台であったのに対して、台地の利用はそれよりも遅れた。台地上は、近世の新田開発の対象になるか、さらに遅れた場合には近代の開拓対象地となった。いずれの場合でも、台地の崖は、樹木で覆われている場合が多かった。樹林の造成は、崖の崩壊を防ぐ目的もあったが、耕地としての開発に適さない急斜面であったことにもよる。

ただし台地面（台地上）の利用という点では、古くから生産と生活以外の用途としては有用であった。早い時期の利用の典型的なものは、古墳の築造地点であった。

尾張国の場合、熱田台地南西の断夫山《だんぷやま》古墳（前方後円墳、長径１５０メートル）が代表的であり、標高10メートルの台地上である。最近ユネスコの世界文化遺産に登録された、大阪の百舌鳥《もず》・古市《ふるいち》古墳群も同様の立地である。百舌鳥古墳群は、西除川《にしよけ》西岸の、上町台地へと続く台地上、古市古墳群は石川西岸の台地上である。とりわけ畿内・近畿地方では、多くの古墳が台地・丘陵上に立地する。

中近世には、台地・丘陵は城郭の立地点としても選ばれた。今城塚《いましろつか》（大阪府高槻市）のように、古墳そのものが城として利用された場合もあった。

尾張平野では、熱田台地北部に立地する名古屋城が台地上の立地であり、先に述べた上町台地北端の大坂（阪）城も同様の立地である。台地は基本的に、台地上が比較的平らな地形であり、周囲あるいはその一部が崖で画されている。古墳は台地上の周囲より高い地点としての特徴を利用したものであったが、城郭は崖の部分も活用した。

熊本城（熊本市）の場合は、東側を坪井川、西側を井芹《いせり》川にはさまれた京町台地の突端に築かれている。京町台地南端の茶臼山丘陵一帯に建設された平山城であり、東と南の市街地から見れば、標高差30メートルほどの台地上である。加藤清正が入部して中世城郭を改造し、慶長5年（1600）に大天守が完成した。

その後も改造が加えられたが、現在まで堀と石垣ならびに一部の建物が存続している。城郭の建造物は、宇土櫓《うとやぐら》はじめ13棟が重要文化財となっているが、最近の熊本地震で、現存施設が被害を受けたことはよく知られている。

熊本城は、その立地と堀や高い石垣により、きわめて防衛力の高いことがよく知られている。明治10年（1877）の西南戦争の際には、政府軍4000人がたてこもり、西郷軍1万4000人による攻撃を防いだとされる。

城郭が立地する京町台地は北から南へと伸びている。熊本城の北端では台地を人工的に切断し、空堀を造成している。現在ではその空堀が道路となっているが、崖面はとりわけ目に付く構築である。加藤氏の後に入部した細川氏の時代になるが、17世紀後半の「平山城肥後国熊本城廻絵図」には、これに「から（空）堀、広（さ）七間（12・6メートル）」と記しており、現在でもその広さと深さを確認することができる。

このような台地上の城郭が、周囲より高い標高を利用しているだけでなく、台地の崖を防御に利用していたことになろう。その意味で熊本城の空堀は、台地が延びてきて台地上の平面と三方の崖を利用したが、崖のなかった北側には、人工的に崖をつくったと表現してもよいであろう。台地縁辺における、自然に形成された崖を利用しただけでなく、人工的な崖までつくって活用したものである。

その意味では熊本城の石垣もまた、建造物としての性格や外見を別とすれば、機能的には崖の延長上にあるといえるかもしれない。石垣は崖の防御機能を一層高める施設であるとも言えるであろう（写真5―1）。

市街から眺めることができるという点では、姫路城（国宝、世界文化遺産）も同様であろう。市街からひときわ高い位置にそびえている。立地する台地・丘陵の標高ないし比高のみ

写真5-1　空堀から見上げた熊本城の石垣（アフロ）

ならず、崖あるいは崖と一体となった石垣の印象は、「人工的な崖」との表現と矛盾しないであろう。

さらにいえば、平城であっても同じようにみることができよう。例えば典型的な平城である佐賀城の場合でも、人工的な堀と石垣を巡らしている。石垣は高くはないが、平坦な市街からみると、まさしく崖と同じ機能を果たしているとみられる。

自然の営力によって形成された、台地と低地を画する崖は、城郭において初めてその隔絶性が利用され、人工的につくられた場合さえある。その点では石垣も同様の機能であり、言わば人工的な崖であろう。

急崖や峡谷は景勝地になる

切り立った崖や急峻な山腹は、景勝地として愛《め》でられるようになる場合が多い。典型的な例として、日本海岸の東尋坊（福井県坂井市）を挙げることができる。輝石安山岩《きせきあんざんがん》の柱状《ちゅうじょう》節理《せつり》（柱状に割れた岩）からなり、最高約25メートルの垂直の崖が、直接日本海に面している景勝である。日本海側にはいくつかの柱状節理の崖が見られるが、東尋坊ほど規模の大きなものはない。

東尋坊という名称は、白山南麓にあって数千人の僧を抱えた大寺院、平泉寺（福井県勝山市）の僧の一人の名前に由来するという。日ごろから乱暴者であった東尋坊は、とある姫君を争うようになり、寿永元年（1182）、ついに恋敵と仲間たちに崖から海へ突き落とされたという。由来の真偽はともかく、東尋坊はやがて自殺の名所ともなった。この急崖は、訪れる人々が何かを語りたくなる類いの景観なのであろうか。

崖はまた古代・中世から、そこに磨崖仏が彫られることが多く、臼杵《うすき》磨崖仏（国宝、大分県臼杵市）や、大谷磨崖仏（重要文化財、栃木県宇都宮市）をはじめ、各地のいくつもの摩崖仏が崖とともに一種の名所となっている。

清水寺（京都市東山区）は、崖に近い急坂に建立された。清水の舞台と呼ばれる本堂の懸《かけ》造《づく》り建築物（国宝）はとりわけ著名であり、多くの参詣・観光客を集める。清水寺は、延暦17年（７９８）に坂上田村麻呂が延鎮（賢心）を開山として大規模な改修をしたと伝え、弘仁元年（８１０）に寺格の勅許を得た。その賑わいは、『枕草子』が清水観音の縁日を、「さわがしきもの」の例としているほどである。懸造りの建築物は、規模は異なるが全国に数多く見られ、中にはまさしく崖に建造されたものもある。

崖や急坂が両岸にそそり立つ峡谷もまた、しばしば景勝地として愛でられる。立山連峰を刻み込んだ黒部峡谷が著名な例である。その途中箇所に発見された温泉がいったん閉湯していた後、大正11年（１９２２）～12年にかけて再開され、また黒部川上流への資材運搬を兼ねた黒部鉄道（現富山地方鉄道）が開通した。これによって新たに、宇奈月温泉としての資本投下と開発が進んだ。

温泉に加えて、峡谷の景勝が宇奈月温泉の大きな特徴であろう。さらにダム建設用に敷設された上流への軌道が、今や黒部峡谷トロッコ電車として、宇奈月・欅平間の峡谷とダム見学の観光客を集めていることはよく知られている。

大井川上流の寸又峡《すまた》（静岡県川根本町）もまた、深い峡谷で著名である。寸又峡の場合、陥入蛇行《かんにゅうだこう》などによる特徴的な景勝地となっている。かつて平坦な地形上を蛇行して流れていた大井川が、赤石山脈をつくる土地の隆起運動に伴って、河床の下刻を進めてできた地形（もちろん人間の歴史とは比べることもできない長時間によって）である。

蛇行した深い峡谷（陥入蛇行）と削り残されて孤立した丘陵（貫流丘陵）が代表的な地形である。峡谷をせき止めたダムや、峡谷にかけられた吊り橋などが見学先である。

矢作川《やはぎ》支流の巴川渓谷の香嵐渓《こうらんけい》（愛知県豊田市足助町）の場合は、黒部峡谷や寸又峡のように深い峡谷ではないが、紅葉の名所として、やはり渓谷とともに著名である。

急崖や峡谷が景勝地として親しまれるようになるのは、清水寺や一部の磨崖仏などを除けば比較的新しい。近代に入って交通機関が発達したことが、遠隔地の崖や峡谷を景勝として再発見し、観光地としての盛行に結びついている場合が多い。

水運の拠点である海縁《うみべり》

尾張平野に戻りたい。低地が多くの人々にとって、主たる生活と生業の舞台であったことは繰り返すまでもない。台地上がそのようになる時期は遅れるが、城郭が立地した場合、それまで放置されていた崖もまた、城郭の防御施設として利用対象となった。ただし台地縁辺の崖は、低地のように人々の生産や生活の舞台ではなく、むしろそれと隔絶する装置であった。

ところが低地の縁辺には、人々の生活の中心であった低地そのものとは別の利点があった。川岸を縁辺とみるべきか否かは別として、海岸は、低地（大きくいえば陸地）が海に接するという点で、縁辺であることは間違いない。陸地は人でも牛馬でも徒歩でたどることができるが、水面を行くには基本的に舟が必要であった。

東海道を陸路で下ってくると、古代には伊勢国「榎撫《えなつ》駅」から尾張国「馬津《まつ》駅」（『延喜式』）へ、「水路」（『日本後紀』）で渡った。馬津は、「馬津渡」（永延2年（988）「尾張国郡司百姓等解」）とも、「うまつ」（『赤染衛門集』、長保3年（1001）〜寛弘2年（1005）、夫の大江匡衡《まさひら》が尾張国司）とも表現した。

ところが貞応2年（1223）には、鎌倉へ下向する際「津島のわたり」で尾張へ上陸している例（『海道記』）があるので、津島が東海道の渡しとなっていたとみられている。津島は織田信長が「おどり」を催し、その後「津島五ケ村の村年寄」が踊りを返したり、清洲へ参上したりするなど（『信長公記』）、信長と強固な結びつきがあった。津島は、津島神社の門前町としても栄え、信長の祖父信定以来、3代にわたる経済基盤の一つでもあった。

馬津であれ津島であれ、直接には木曽川などの渡河地点であった。しかし同時に、河口が近く、伊勢湾にも直結していた。まさしく農業を中心とした生活と生業の舞台である低地の縁辺であり、陸路と水路の接点でもあった。津島は陸上と水上の経済活動を結節する地点であり、その利点が大きかったものであろう。

熱田台地の南端、崖下の宮（熱田宿）も、このような水陸の結節点という立地条件によって栄えた宿場であった。名古屋城下に近いとか、熱田神宮の門前とかの機能は加わっていたとしても、天保14年（1843）における、本陣2、脇本陣1、旅籠248、家数2924、人口1万人以上という規模は、大変な繁盛ぶりである。

津島のような、大河川の河口に近く、水運の利点も大きい港湾は、とりわけ多く日本海岸に発達した。九頭竜川河口の三国（福井県坂井市）、小矢部川河口の伏木（富山県高岡市）、神通川河口の岩瀬（富山市）、信濃川河口の新潟などである。これらは大坂と蝦夷地（北海道）を結ぶ北前船の寄港地として外部と結びつき、同時に後背地である河川流域の低地から産物を集積し、また流域に物資を供給する、河川水運の拠点でもあった。

港湾都市という点では、貿易都市でもあった堺（大阪府堺市）の、かつての隆盛がよく知られているが、大河川の河口に立地した都市ではない。堺の旧市街は、現在の大和川河口のすぐ南にあるが、この河口は宝永元年（1704）に完成した河道の付け替え工事の結果であった。それ以前の堺は、納屋《なや》衆の拠点施設が直接瀬戸内海に臨み、瀬戸内海を通じて外洋と直結していた。

堺が日明貿易の中心になるのは、15世紀末以後のことであった。応仁・文明の乱を契機として、兵庫津に代わる貿易港となったことによる。さらに堺は、種子島への鉄砲伝来以後、いち早く鉄砲生産の一大拠点となり、ついでヨーロッパ貿易の中心ともなった。

カソリック宣教師ガスパル・ヴィレラが、「堺の町は甚だ広大にして大なる商人多数あり。この町は（1561年のこと）ベニス市のごとく執政官によりて治めらる」（村上直次郎訳『耶蘇会士日本通信』）と、その隆盛ぶりを記していることはよく知られている。

しかし、豊臣秀吉が、大坂城と城下の建設に当たって商人の移住を進めたことに加え、江戸時代には外国貿易の長崎への集中政策が軸となり、堺は貿易港としての機能を失った。

これが直接の要因であろうが、国内貿易についても、先に述べた大和川の付け替えが港湾機能の低下を招いた。大和川が、港付近の土砂の堆積をもたらしたのである。その結果、堺の港は、掘り上げた土砂を含む馬蹄形の砂州に囲まれた、一種の掘込港湾のような形状にならざるをえなかった。港湾機能が低下したのである。

人々の主たる生活と生産の舞台である低地の縁辺は、同時に海の縁であり、海を越えた別の舞台との接点でもあった。しかし、その接点の機能を果たす地形条件が失われた場合、あるいはその機能（この場合は港湾機能）が低下した場合、海縁の利点もまた低下したのである。

水陸交通の要衝となった山縁《やまべり》と谷口

尾張平野の低地の縁辺《えんぺん》には、南の海縁《うみべり》だけでなく東の山縁《やまべり》もあった。海縁には港町が発達したが、山縁にも都市が成立する場合があった。山縁に立地する代表的な都市が犬山であり、犬山城の城下として発達した。犬山城は、織田信長の父信秀と信長自身が、尾張国北端から北方と東方への戦略拠点として使用した。

織田氏支配が終わっても犬山城は、城主が変わりつつ、また城郭も改変されながら現在まで遺存している（天守閣は国宝）。犬山城は、木曽川谷口の孤立丘《こりつきゅう》（標高約80メートル）に建設されており、城下はその南の、標高40メートル程度の台地上に展開していた。

さらに、河川の谷口の立地というだけではなく、木曽川沿いには中山道（古代の東山道、木曽街道・木曽路とも）が、美濃国を東西に通じていた。織田信秀・信長父子は犬山を拠点に、木曽川対岸の「宇留摩《うるま》、猿はみ（いずれも岐阜県各務原市）」をまず攻略し、さらにその北へと軍を進め、養子に出していた勝長を犬山城主とした。

例えば、織田氏が甲斐の武田氏を滅ぼした後には、信長自身が居城を移した岐阜からまず犬山を訪れ、さらに東美濃の岩村（岐阜県恵那市）へと着陣した（『信長公記』）。これらは軍事行動であり、通常の交通ルートだけで実施されたわけではないであろうが、やはり谷口の水陸交通の要衝としての位置が大きな条件となったと思われる。

孤立丘上の犬山城は、台地・丘陵の利用という点では、他の城郭の多くと共通するので繰り返さない。犬山市は現在、人口7万人余りの、いわば中規模都市であるが、その発展は犬山城下としてのみならず、同時に木曽川の谷口であったことが大きな背景であった。軍事的利用にも適していたことは、すでに述べた戦国時代の状況から知られるが、それだけではなかった。

谷口とは山地から河川が平地へと流れ出る地点である。いわば山地と平野の境界であり、接点でもある。山地は一般に耕地が少なく、平野のようには農業が盛んではないが、森林が多く、木材・薪炭の生産が盛んである。木曽川河谷《かこく》一帯の山地では、特に建築用材の生産が有名であった。

その木材輸送のルートは、自動車輸送が発達するまで基本的に河川であった。河川は、平野と経済基盤の異なる山地との両者を貫通する、いわば物流の動脈であった。二つの生活の舞台を結合する役割を果たしたのである。さらに河谷沿いに道がつくられておれば、水陸交通の重要な結節点となる。

このような谷口という立地条件では、信長の拠点となった岐阜（旧名は井ノ口）も同様であり、こちらは長良川の谷口であった。

ただし、谷口ではなくとも、山越《やまごえ》の道があり、峠の向こう側に生活している人々が多ければ、山縁は利点をもたらす立地であった。例えば越中国南部の山地（富山県南砺市南部の五箇山と総称される地域）と砺波平野の接点となる山縁には、井波と城端《じょうはな》という小さな都市（近世では在町《ざいまち》、いずれも富山県南砺市）が成立した。城端の立地点は山田川の谷口であるが、井波には谷口をなすほどの河川はない。いずれの町も南側の背後の峠越えの道で五箇山と結びついていた。

五箇山のさらに南は飛騨国に通じており、この飛騨・五箇山経由が、中世における砺波平野への浄土真宗の伝播の一つのルートでもあった。城端・井波ともに、中世に浄土真宗の大寺院が創建され、一向一揆の拠点となるほどの中心となった。

五箇山一帯は農地の少ない峡谷であるが、近世には絹の産地であり、また煙硝の産地でもあった。煙硝は加賀藩の政策的生産品として、金沢へのみ出荷されたが、五箇山は平野の農村とは産物が異なり、交易の必要と利点があった。

さらに五箇山は、豪雪地帯（城端・井波も多雪）なので、貫流する庄川水運や、その峡谷沿いの道を、冬季にたどることが困難であったという背景がある。近代に入っても同様であり、冬季は峠の小屋まで、山側と町側の双方から徒歩で登って、両者の郵便物等を交換したという。

犬山に比べると規模は著しく小さいが、谷口ではなくとも山地と平地の境界の山縁が都市の立地の一つの背景となった例であろう。

谷口にも景勝地が多い

保津川下りの観光船は、亀岡（京都府亀岡市）から桂川（保津川）の谷口に至る。峡谷を抜けて、静かな水面に出た付近が嵐山（京都市右京区）である。桂川の谷口にかかる渡月橋や、少し北側の嵯峨野とともに、訪れる観光客が極めて多い。渡月橋の付近一帯は、いくつもの著名寺院をはじめ、旅館・料亭・土産物店などが数多く立地しているところである。

嵯峨・嵐山一帯が景勝地として認識されたのは平安時代の初めごろである。嵯峨天皇（在位８０９～８２３）は嵯峨荘を営み、離宮の「嵯峨院」に、しばしば行幸した。嵯峨院の地は貞観18年（８７６）、皇女正子内親王によって大覚寺とされ、現在に至っている。嵯峨という地名自体が、嵯峨天皇の諡号《しごう》（おくり名）となった。

また、『源氏物語』の光源氏のモデルとも言われる源融《みなもとのとおる》（８２２～８９５、嵯峨天皇の皇子）が「棲霞観《せいかかん》」を営み、棲霞観の地には「棲霞寺《せいかじ》（現在の清涼寺となる、通称は釈迦堂）」が建立された。嵯峨天皇の皇后であった橘嘉智子もまた、棲霞寺南方に「檀林寺（承和３年〔８３６〕ころ完成）」を建立した。嵯峨一帯は、嵯峨天皇家の世界であったともいえよう。

中世になると、建長７年（１２５５）に後嵯峨上皇が「亀山殿《かめやまどの》」を造営した。亀山殿は亀山（現在の亀山公園）の麓から桂川にかけての地であった。亀山殿付近一帯には、いろいろな堂舎や「在家（一般の住居）」、武家の「宿所（住居）」が多数建設され、洛中（京都）とは別に、当時としては繁華な市街を形成していた。

さらに建武２年（１３３５）には後醍醐天皇によって臨川寺《りんせんじ》（開山、夢窓疎石）が建立さ

写真5-2　渡月橋より桂川谷口を望む

れ、康永4年（1345）には、足利尊氏によって建立された天龍寺（開山、夢窓疎石）の落慶供養が行われた。大覚寺・清涼寺とともに、両寺もまた現在へと続いている。

　ところで桂川上流の山国地方は、平安京内裏の造営や再建にかかわった修理職《しゅりしき》の領地として、もともと桂川（大堰川・保津川）を経て、京へ木材などを供給した。しかし途中の保津峡には難所が多く、筏流しには困難を伴った。

　角倉了以は慶長11年（1606）、河川改修工事と通行料徴収の許可を得て、保津峡の巨岩を砕き、浅瀬を深く掘り、また瀑布の上流を穿《うが》って均《なら》すことによって、平底の高瀬舟の通行が可能な流れへと改修した。これによって上流の木材は嵯峨へと集積し、そこから洛中へと運ばれた。現在における、保津川下りの観光船の就航も、この改修工事によって可能となったのである。

桂川にかかる渡月橋の起源も古く、遅くとも中世にさかのぼる。明徳4年（1495）の「山城国桂川用水差図」（東寺百合文書、京都府立京都学・歴彩館蔵）には、「法輪橋」として登場する。多くの歴史的な名所・景勝に恵まれた嵐山一帯は、史跡・名勝に指定され、天龍寺庭園も史跡・特別名勝であり、文化財が多い（写真5―2参照）。

宇治川の谷口（京都府宇治市）もまた、嵐山・嵯峨と類似の景勝地であり、平安貴族の別業（別荘）の地であった。谷口西岸の平等院は、清涼寺と同様に源融の別業に始まり、宇多天皇へと寄進された。やがて藤原道長が「宇治殿」とし、その跡を継いだ頼通が永承7年（1052）に寺院とし、翌天喜元年には阿弥陀堂（現鳳凰堂）を建立した。平等院にもまた、国宝（鳳凰堂）・史跡・名勝（庭園）など文化財が多い。宇治はさらに、『源氏物語』「宇治十帖」の舞台としても名高い。

宇治川の谷口には、奈良時代以来「宇治津」があって、宇治川上流の琵琶湖岸から流下す

写真5-3　古代からあった宇治橋

る木材の中継基地であった。宇治川からさらに下って、いったん巨椋池へ入り、今度は木津川をさかのぼって「泉木津（京都府木津川市）」で陸揚げされた。宇治津から泉木津まで、「椙榑《すぎくれ》（杉丸太）、柱、雑材」ごとに輸送料金が定められていた。泉木津から平城京（奈良市）へは、奈良坂越えなどの陸路で運ばれた。

宇治川谷口にもまた橋が架けられていた。平城京から北への東山道・北陸道の渡河地点の宇治橋はすでに古代に架橋されていた。

宇治橋東畔の橋寺放生院にある石碑「宇治橋断碑」によれば、大化2年（646）の僧道登による架橋と伝える。しかし『続日本紀』は、文武天皇4年（700）の僧道昭の物故記事の中で、宇治橋を道昭による架橋とする。ここではどちらが正しいかには立ち入らないが、いずれにしても7世紀のことである。宇治橋が最も早い時期の架橋であったことは疑いない。

宇治橋は中世にも、しばしば戦闘の舞台として史料や戦記物に登場する。『平家物語』における「橋合戦」も、宇治橋を背景とした華やかな描写である。

宇治橋は独特の構造を有し、中間に「三の間」と呼ばれる張り出しがあって、茶の水を汲むという。橋は幾度も架け替えられているが、この様式は現在も継承されている（写真5−3参照）。

宇治川谷口もまた、山と川（水運を伴う）、別業や寺院、そして著名な橋からなる景勝地である。この点、嵯峨・嵐山とも類似する。谷口はこのように、山と川の接点であり、流通の拠点となるとともに景勝地となることが多い。景勝地には、それを愛でる人々が集まり、人々が住むようになることが多かった。

第　6　章

人がつくった土地

干拓地の展開

山崩れや河川の堆積が、平野の地形をつくってきたことはすでに述べた。海水準変化がこの動向に関わって、河川の堆積を進めたり、逆に河川が浸食して台地をつくったりした過程も前述した。平野の低地や台地は、このようにして基本的に自然がつくった土地である。

しかし、このような自然景観としての平野がそのままで存在するのではなく、ほとんどの場合、人工が加わった文化景観へと変化していることもすでに紹介した。河川の堤防築造や海岸の護岸施設の構築、さらには開拓や耕作、都市や村落の形成などの形で、人間によって手を加えられた結果である。その意味では、人々が生活している土地（文化景観）は、人がつくった土地といってもよいかもしれない。

ところが、この経過とは違い、明らかに土地そのものを人がつくった場合もある。その代表的な例が干拓地である。干拓をしなければ、自然的な基盤としては陸地ではなく、浅海や湖沼など、浅いとはいえ水面のままであった部分である。干拓地は浅い水面を干上がらせて陸地としたものである。干拓して「土地」をつくるためには、まず堤防などによって水の浸入を防ぎ、その上で堤防の内側の排水を行なって陸地化するのが、基本的な過程である。

先に、陸化する海岸付近の例として挙げた伊勢湾奥の戸田付近の場合、中世における円覚寺領富田荘の段階から、700年ほどの間に三角州が発達して海岸が沖へと後退（海退）し、陸化が進んだことを紹介した。さらにその前面には近世以後の新田地帯があって、海岸線は戸田から10キロメートルほども離れていることも述べた。この新田地帯はほぼ干拓による、人がつくった土地であった。

このような伊勢湾岸のほか、九州の有明海や瀬戸内の児島湾など、日本各地の遠浅の湾岸では、干拓地の造成が盛んにおこなわれてきた。

九州北部の有明海は、平均水深20メートルほどの浅海である。しかも潮の干満差が大きく、最大約6メートルに達し、干潮時には広く干潟《ひがた》が出現する。有明海の東北隅に注ぐ筑後川の河口付近では、大潮《おおしお》時の干潟の広がりは、海岸から沖合へ約6キロメートルに達するという。このような有明海沿岸には、北西から東南へと、諫早平野・佐賀平野・筑後平野などの低地が広がっている。中央の佐賀平野南岸付近には、とりわけ典型的な干拓地が展開している。

図6－1は、現在の佐賀空港北部に当たる旧佐嘉郡犬井道村（現佐賀市川副町大字犬井道）の一部分における、小字と地割形態である。同図は明治21年（1888）ころ作製の小字単位の地籍図を集成したものであり、図6－1に示した配置のように本来接続すべきものであるが、やや不正確なので完全には接続しない。

小字の範囲は、湾曲した不規則な形状のものと、東西に長い菱形に近いものがある。南（旧来の陸地から離れる）ほど面積の大きい小字が多く、また長方形ないしそれに近い形状が多い。

いずれも「搦《からみ》」という名称のついた小字であり、内部はほぼ南北に細長い形状の耕地群からなっている。搦の名称は多いが、このほか有明海の干拓地では、「開《ひらき》」という名称も使われた。

さて有明海では、中世から干拓が行われていたことが知られているが、江戸時代の佐賀藩では、500カ所、約6300町の水田が拓かれたとされる。当時の工法は、ほぼ次のような手順であったという。

干拓に際してはまず、目的地の浅海の海側に松杭を打ち込み、粗朶《そだ》や竹を絡ませてそのま

図6-1 旧犬井道村地籍図（現佐賀市川副町大字犬井道）

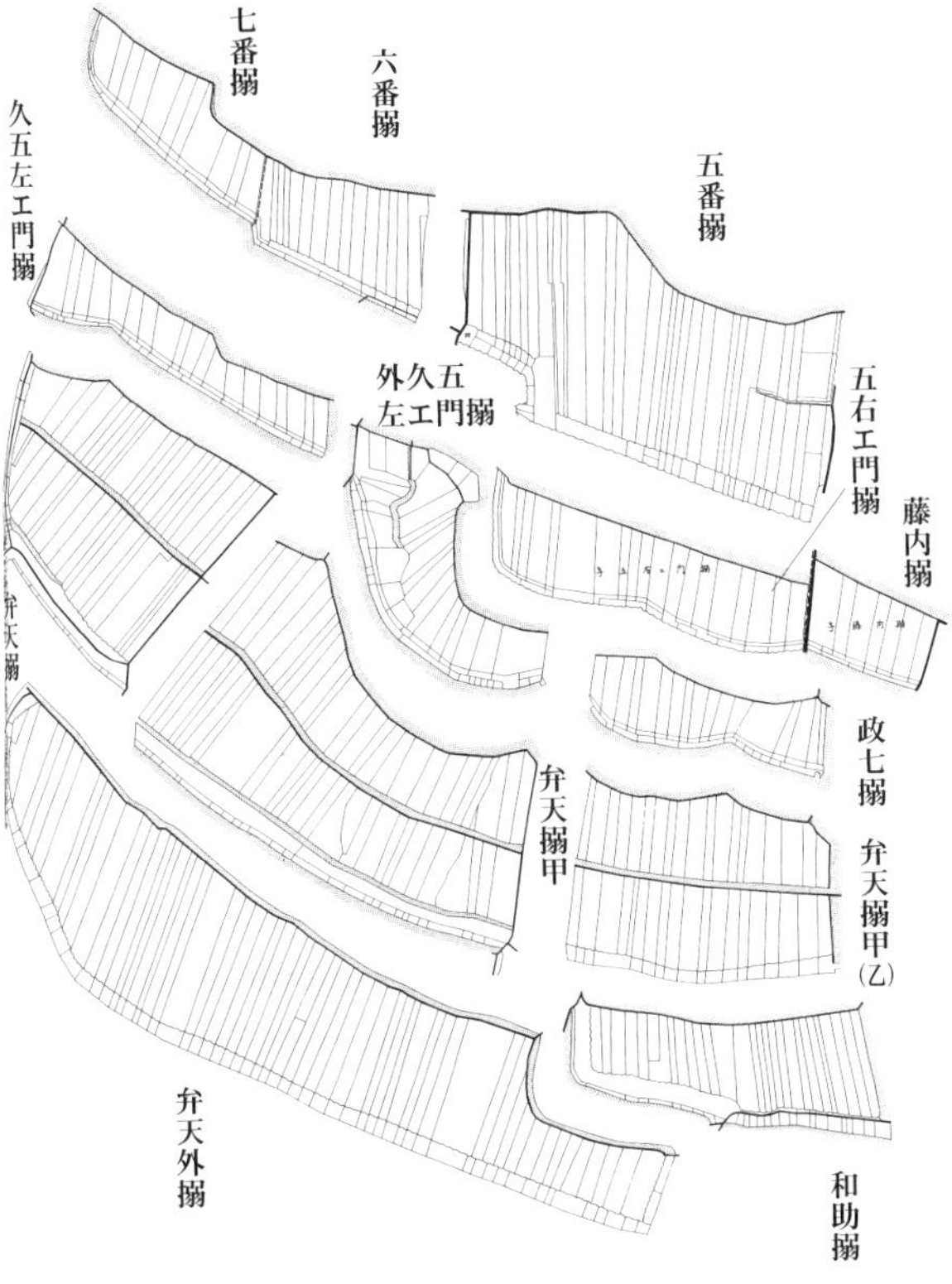

（出所）『佐賀県地籍図集成（八）肥前国佐嘉郡五』

ま放置する。潮の干満とともに5～10年経て、これらに泥土が付着したところで、干満の水位差があまり大きくない小潮《こしお》を見計らって、家族ないし村中総出でこれに土を塗り、仮の堤防をつくる。その位置に、さらに松の丸太を3段にしつらえ、その中に土俵を入れ、盛り土をして本堤防とし、これによって満潮時の潮止め（海水の浸入を止める）をする。その後、干潮のたびごとに堤内から排水し、一方で満潮の海水の浸入を防ぐのである。

このように干拓して造成した土地には、まず塩害に強い作物（例えばイグサや綿など）を植え、塩抜きが完了すれば稲作が可能となった。この過程が、排水に便利な、南北に細長い地筆となったものである。

有明海では、多くの干拓地が農民によってつくられたが、村単位や藩、藩主個人や個々の藩士などによっても干拓地がつくられたという。後になって干拓の単位が大きくなるとともに、規則的な形状のものも出現した。

干拓地は近代に入っても造成され続け、現在では図6－1の大字犬井道の南、約4キロメートルにまで及んでいる。

有明海西北部の諫早湾でも、20世紀末においても干拓が行われた。もともとは昭和20年代末の食糧難への対応が主目的であった。その後、干拓目的には水害対策が加わり、国営干拓として着工されたのは平成元年（1989）まで遅れた。食料問題はすでに過去のものとなっていたが、干拓によって農地670ヘクタールが造成された。平成9年には潮受け堤防の水門が閉じられ、淡水化が始まった。平成19年には完工して、干拓堤防上には8・5キロメートルの道路が開通した。

しかし、水門閉鎖以来、有明海での養殖海苔の不作や色落ち、また二枚貝タイラギの死滅などの漁業被害が出て反対運動が激化し、訴訟問題へと展開した。一審判決による水門の開放、再審による再度の閉鎖など、係争は今も続き、決着はついていない。環境改変の功罪と、農業と養殖漁業の利害の対立である。

やはり干拓が盛んな瀬戸内の児島湾では、岡山藩主池田綱政の命によって元禄4年（1691）に着工し、同6年に完成した沖新田（現岡山市中区・東区）など、まず湾口付近の干拓が進んだ。宝永4年（1707）には藩営の早島新田（現岡山県都窪《つくぼ》郡早島町）が成立するなど、さらに干拓が進んだ。江戸時代には、計6800町が干拓されたという。干拓地の塩害に強いイグサが、早島表《はやしまおもて》という特産品を生んだ。

明治32年（１８９９）には士族授産事業として、外国人技師Ｒ・ムルデル立案の干拓計画が「藤田組」によって着工された。昭和16年までに、１～３区と５区の計２９７０ヘクタールが完成し、昭和14年～30年に６区（９２０ヘクタール）、昭和19年～22年に７区（１６７０ヘクタール）が完成した（４区・８区は計画のみ）。さらに昭和34年には、１５５８メートルの締め切り堤防が完成して、残った児島湾は児島湖となった。

浅海だけでなく、内陸水面でも干拓が進んだ。もともと宇治川や木津川が流入していた巨《お》椋《ぐら》池（京都市伏見区、宇治市、図２－13参照）は、豊臣秀吉による宇治川の付け替え、幕末・明治の木津川付け替えによって両川の本流から分離されていたが、浅い池沼としてほぼそのまま残っていた。昭和８年（１９３３）～16年にかけて国営・京都府営・地元耕地整理組合営の事業として、その干拓が実施された。これによって、田が６２８ヘクタール得られ、さらに周辺湿田の１２６０ヘクタールの土地改良がおこなわれた。

また、日本最大の琵琶湖では、東岸を除いて水深が深いので干拓には不向きであるが、それでも内湖と呼ばれる琵琶湖周辺の付属湖の多くが干拓の対象となった。内湖は、琵琶湖の沿岸流が砂州を形成して、砂州の陸地側に浅い水面をつくったものであった。

内湖の中で最も規模の大きかった大中の湖（図2－5参照）も、昭和32年（1957）から干拓が始まり、11年後に竣工した（現近江八幡市と東近江市）。大中の湖奥の西の湖の一部が残ってはいるが、大半は干拓され、約1300ヘクタールの農地となった。216戸の入植者に1戸当たり4ヘクタール、周辺農家の希望者147戸に各1ヘクタールを割り当てた。食糧増産を目的として始まった工事であったが、ほどなく需要が変化し、水田は酪農地・スイカ畑などへと転じた。

潟湖《せきこ》では秋田県の八郎潟の場合、面積約220平方キロメートルもあり、琵琶湖に次ぐ大きさの湖沼であったが、全体の水深が浅く干拓対象となった。この場合もまた、食糧増産と農家の次男・三男の入植を目的として、大中の湖と同年の昭和32年に着工され、10年後に入植が始まった。農地計1万2802ヘクタール、入植者589戸、周辺農民への割り当て4445戸であった。昭和52年に全体の事業が竣工した。

八郎潟干拓事業は、戦後のサンフランシスコ講和条約の批准をめぐる政治情勢が絡み、防潮水門などにオランダの技術が導入された。またこの間の昭和39年には、秋田県南秋田郡大潟村（現在も同様）として、干拓地全体が単独の自治体となった。周辺自治体への分属という、多くの場合とは異なった、いわば特異な例であった。

食糧増産と農家の次男・三男の入植という、八郎潟干拓もともとの二大目的も変化した。まず、戦後の高度経済成長に伴う工場労働者の必要性の増大によって農家の次男・三男の就業先の問題が解消された。また食糧増産も不必要となり、むしろ政府が減反政策へと転じることによって本来の意味を失った。

その中で昭和58年には、日本海中部地震によって干拓堤防や防潮水門が破損した。そのために、旧水門を破棄して新水門が設置された。

この場合は利害対立の様相は見えないが、社会環境の変化による目的の喪失・変更と、環境改変による災害が浮かび上がっている。

埋め立て地の造成

干拓地は単純に表現すれば、浅い水面に築堤して排水し、陸地化した土地であった。これに対して代表的な埋め立て地とは、浅い水面に土砂を投入して陸地を造成した土地であった。これも干拓地と同様に、陸地そのものを人がつくった土地である。先に述べた関西空港がその典型的な例であろう。

埋め立て地としては、大阪湾ではすでに近世に、安治《あじ》川の河口に天保山（現大阪市港区築港）が人工でつくられていたことがよく知られている。安治川は、当時の淀川本流であった。天保山は近世の大坂の絵図にも描かれ、一種の名所でもあった。堆積の盛んな安治川や木津川の河口付近にも、やはり干拓によって多くの新田がつくられていた。

近世の経済中心であった大坂では、市中への大型船の入港と、市中の水害防止のために、大坂町奉行の指揮によってのべ10万人以上を動員して安治川の浚渫《しゅんせつ》を行った。大坂には蔵屋敷に西国の米が集まり、また東廻り、西廻りの水運の拠点でもあった。その浚渫の土が積み上げられてできたのが天保山であり、天保2年（1831）のことであった。これが天保山の名称の由来である。

図6―2はこの安治川付近の鳥瞰図（天保10年）であるが、帆を連ねて遡上する多くの船と、河口の天保山を描いている。浚渫の経緯をそのまま表現したかのような表現である。なお、安治川下流の魚鱗風の表現は個々の新田を描いたものである。

天保山の高さは、一時20メートルを超えていたというが、昭和46年（1971）には標高

図6-2　大湊一覧

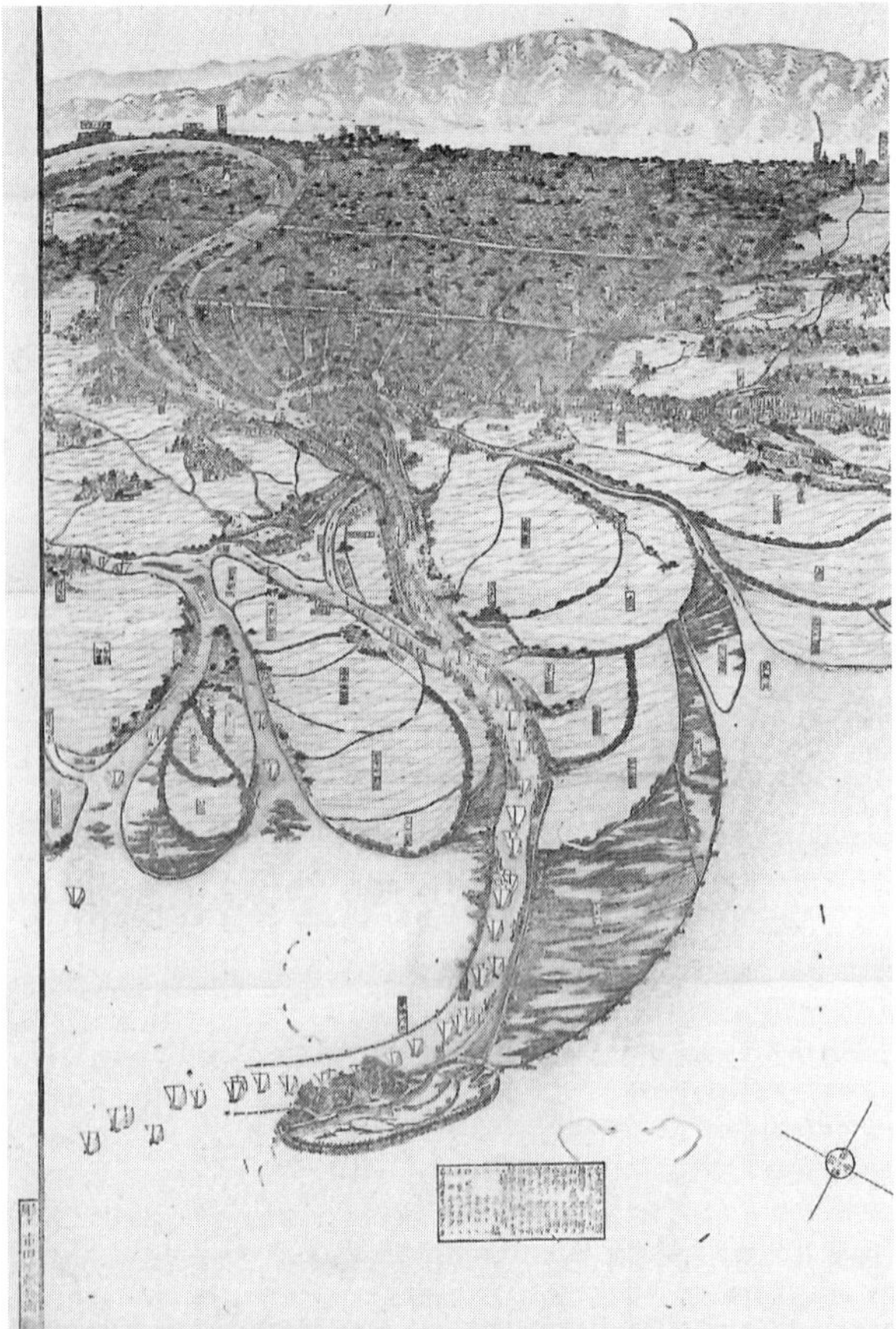

（出所）京都大学附属図書館蔵

７・１メートルであった。天保山山頂には二等三角点があるが、昭和52年には４・７メートル、現在は４・53メートルとなっている。先に述べた地下水の大量くみ上げによる地盤沈下が一つの要因であろうとされているが、人工造成の土地は圧密《あつみつ》による縮小を避けがたい。おそらく両者によるものであろう。

大阪湾では現在でも、多くの埋め立て地の造成が行われている。安治川河口の北岸にある北港（此花区）をはじめ、さらに沖合に舞洲《まいしま》・夢洲《ゆめしま》（いずれも此花区）が造成されている。南の木津川河口付近には南港（住之江区）が、さらに南の大和川河口付近には築港八幡町（堺市）や、築港新町・築港浜寺町（いずれも堺市）と高砂（高石市）など、いずれも大規模な埋め立て地が造成されている。

南港には港湾および関連施設や高層住宅などが建設されているが、築港八幡町には製鉄所、築港新町には火力発電所や製油所、築港浜寺町や高砂にはガス・精油・化学関係の工場が立地している。

夢洲には大規模なコンテナターミナルや物流倉庫群があり、２０２５年の国際博覧会用地が予定されている。また統合型リゾート誘致の構想もある。夢洲は昭和47年～62年に廃棄物処理と埋め立て用地であったが、その地を整備してホテルやスポーツ施設などとしたものであった。

廃棄物処理の埋め立てとしては、有名なのが東京湾の夢の島（東京都江東区）である。夢の島の場所には、昭和13年から「東京市飛行場」の建設計画があった。それが頓挫して放置されていたところへ、急増し始めたごみ処分場とすることが決定された。昭和32年末から埋め立てが始まり、ほぼ10年間続いた。その間、4割ほどが火災で焼失したり、大発生したハエが江東区南西部に拡散したりもした。しかしその後整備が進み、昭和53年には「都立夢の島公園」が開園したのをはじめ、スポーツ施設が建設されるなど、印象と環境が大きく変わった。

水深2～4メートルの浅海が多い東京湾では、江戸時代から埋め立てが盛んであったが、特に拡大したのは近代に入ってからである。2008年までの埋め立て地は、5730ヘクタールに及び、千代田・中央・港・新宿の4区の合計面積に等しいという。これらの臨海の埋め立て地には高層マンションや各種施設が立ち並び、例えば写真6－1のような景観を呈している。

写真6-1　東京湾岸のビル群

写真６—１は東京湾の京浜運河を南側から見た状況であり、左側が天王洲《てんのうず》アイルと称する22ヘクタールに及ぶ埋め立て地で、オフィス・各種複合ビル・マンションなどが水面近くに林立している。天王洲アイルは、幕末の砲台（第四台場）を中心に造成されたものである。

立地条件は先に述べた河川沿いに類似するが、廃棄物処理目的の夢の島と異なり、これらの埋め立て地の場合は当初からマンションや各種施設の立地用に計画されたものである。

建築技術の進展によって建築そのものの安全性は高まっているが、大地震や大津波などの不測の災害が発生した場合、インフラストラクチャーの関連被害はどうであろうか。

整地してつくられた住宅団地と工業団地

整地とは、凹凸や傾斜のある土地を削平《さくへい》したり埋積《まいせき》したりして、目的にあった土地（多くは平坦な土地）を造成することである。もともと陸地であったので、干拓地や埋め立て地と同じ意味では、人がつくった土地ではない。しかし、山林や農地を整地して別の用途とするという点では規模の大きな改変であり、文化景観の転換であろう。

すでに述べたように川沿いの低平な土地には住宅団地や工場が多い。しかし、台地上やなだらかな山麓などにも、住宅団地や工場などが建設されている場合が多い。その理由は、川沿いの低地と同様に、やはり住宅団地や工場にとって必要な広い用地が得やすく、また多くの場合、地価が安価なことである。

例えば京都市西郊（西京区）の洛西ニュータウンの一帯は、もともと大枝《おおえ》と通称される丘陵地帯であった。大枝は、小畑川河谷の水田地帯と、東西両側の台地上に展開した、畑地・竹林地帯からなる長野新田などの新田村、さらにこれらの北側を東西走する旧山陰道（国道

9号の北側、現府道142号）沿いに、塚原村や沓掛村などが存在していた。

住宅団地が建設されたのは、昭和40年代後半から50年代にかけてであった。洛西ニュータウンは、ほぼ国道9号の南側一帯であり、北側にやや離れて、桂坂と称される別の住宅団地が建設された。さらにそのあと、桂坂の東方に京都大学大学院工学研究科などの施設も建設された（図6－3参照）。

国道9号の南では、標高70～100メートルほどの台地を小畑川とその支流3本が開析して谷をつくっていた。小畑川は北から南へと流れるが、その谷底の低いところでは標高60メートルほどであった。3本の支流は、ほぼ西北から東南方向へと流れていた。

一方国道9号の北では、標高100メートル以上の山地が北から張り出しているが、桂坂と名付けられた住宅団地部分では、これも小畑川の支流によって浸食されて3本に分岐した谷を形成していた。

国道9号南部の洛西ニュータウンでは、全体がなだらかに整地された。3本の小畑川支流は、現在それぞれコンクリート護岸を施された、人工的な水路として市街を流れている。桂坂でも類似の状況であり、なだらかな整地とコンクリート製の水路となっている。

図6-3　洛西ニュータウン

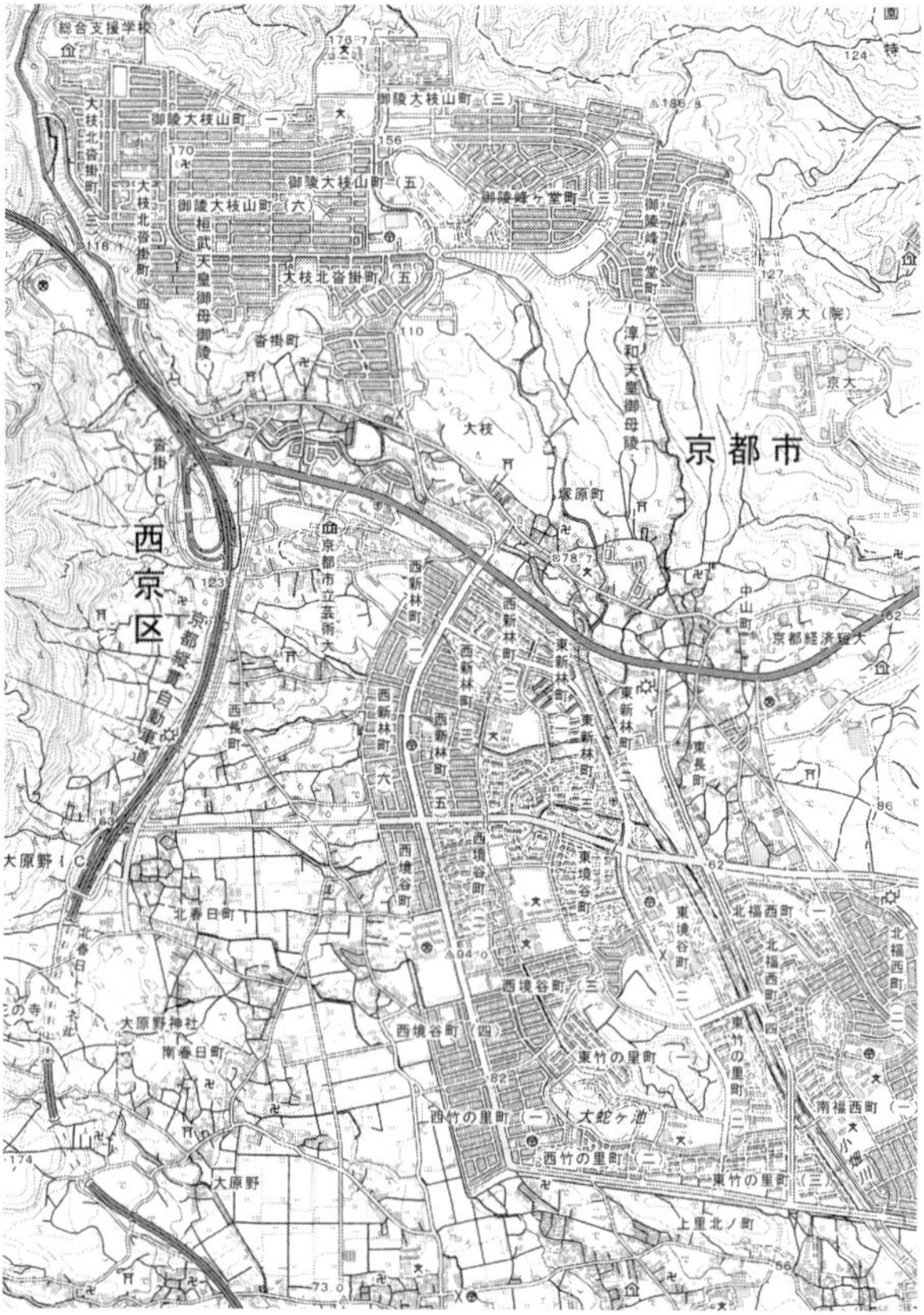

（出所）2万5千分の1地形図「京都西南部」

これらの台地・丘陵と谷が、すべて均等に平坦化されたわけではないが、整地の際には基本的に、台地・丘陵の部分は削平され、谷の部分は埋積された。削平部分は、地層の切断の方向によって地滑りや山崩れを誘発する場合もあるが、相対的に安定しているのが普通である。

これに対して谷を埋積した部分は、新しい人工的な堆積であるので、圧密だけでも沈下を避けられないなど、相対的に不安定であるのが普通である。従って、建物を建てる際の基礎工事などに十分考慮する必要があり、そうでなければ災害を招くことがある。

またこれらの新しい住宅地には、新しい地名が付されるので、旧来の小字は消滅することとなるが、地名の変化については改めて述べたい。

工業団地の造成についても、状況は類似する。図６－４はびわ湖東部中核工業団地（滋賀県犬上郡多賀町）である。標高１４０〜１７０メートルほどの丘陵地帯を造成して工業用地としたもので、やはり削平と谷の埋積部分が大半である。

図6－4　びわ湖東部中核工業団地

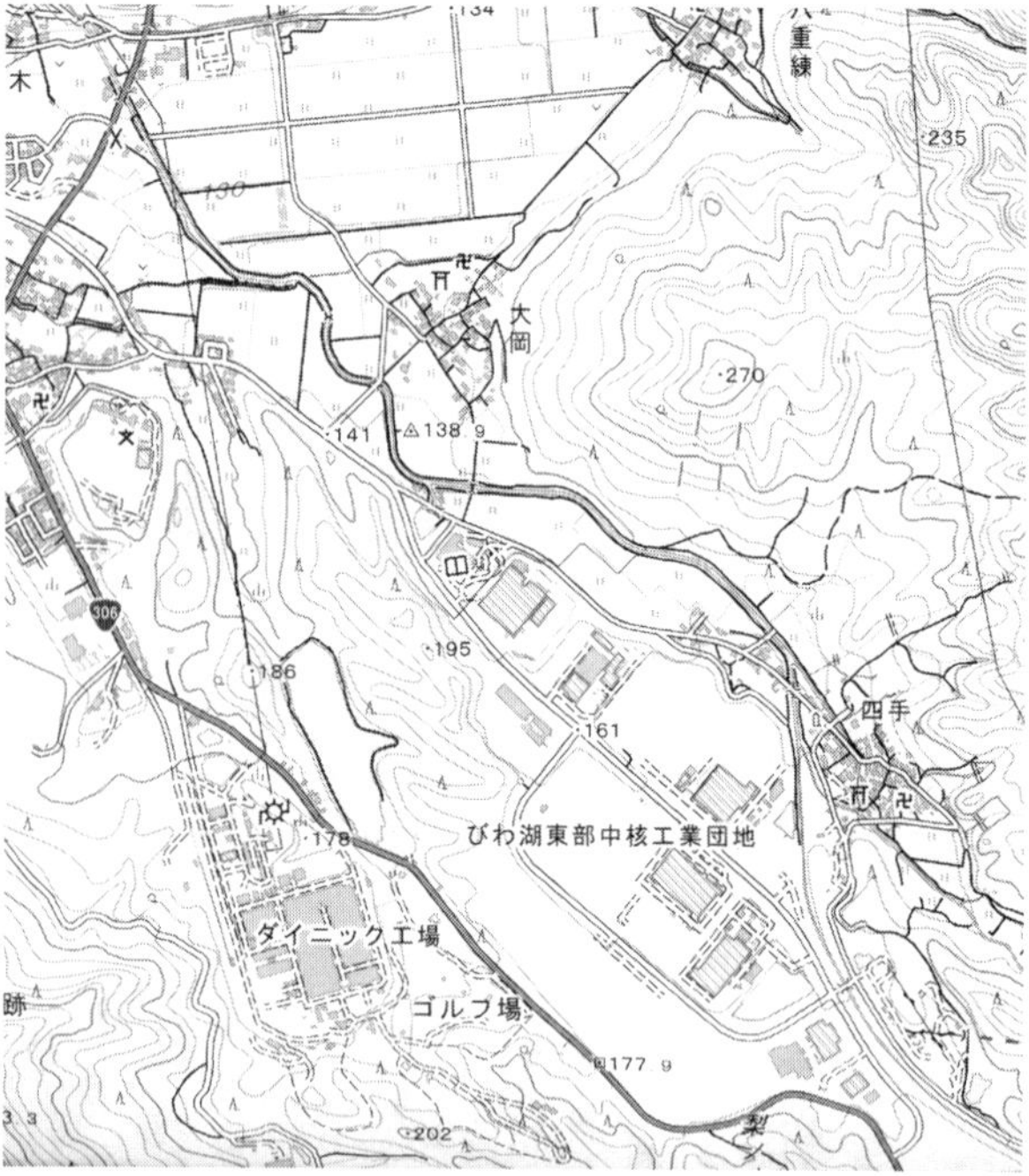

（出所）2万5千分の1地形図「高宮」

土地の記憶を知る

日本の平野の地形は、河川が下流域で土砂や泥土を堆積し、あるいは河川が上流域で山地・丘陵を浸食し、そのような過程を繰り返すことによってつくられてきたことはすでに述べた。現在確認することができる平野の台地や低地は、それら自体がつくられてきた長い歴史の結果である。言うならばこれらの地形そのものが、その土地を形成した歴史あるいは記憶を物語るものでもあろう。地理学には地形史ないし地形発達史という研究分野があり、このような過程を重視する視角である。

そのような地形が形作られてきた歴史は、人間の歴史に比べると極めて長い過程である。その過程で地形の変化、とりわけ平地の地形変化をもたらしたのは、このような堆積や浸食を繰り返した、河川そのものの営力であった(第2章)。

ところがその現象が繰り返され蓄積されてきた、限りない地形変化の過程からみれば、その中の瞬時の一コマであったとしても、人々の生活の場でそれが発生すれば、極めてまれな災害に結びつくことになった。しかも、人々の生活範囲の拡大と技術の進展とともに、かえって水害を際立たせたことにもすでに触れた。例えば、水害を避けようと努力した結果である、連続堤の築造が水害の発生を誘発したことも先に述べた（第3章）。

とりわけ変化の著しい海辺、湖辺、山裾の状況や、地形変化の過程がもたらしたさまざまな水害の様相を、その当時に描かれた絵図や文書記録が伝えている例もすでに紹介した（第4章）。このような歴史資料もまた、土地の記憶をよく伝えている。

このようなさまざまな土地に人々は暮らしてきたが、生活や生業の中心はやはり平野であった。しかし平野の縁辺や崖・急坂などは、時に別地域との交流地点としての人口・施設の集中、あるいは宗教施設や景勝地として愛でられるなど、別の価値をもって観光客や商業・宿泊施設が集まる場合があった（第5章）。

このような、自然がつくった地形（自然景観）を人間が利用している場合（文化景観に変えた）のほか、土地そのものを人間が造成した、「人がつくった土地」の場合もあることは、干拓地、埋め立て地、あるいは住宅団地・工業団地などの整地（いずれもはじめから文化景観）を例として述べた（本章）。

これらの土地には、堆積や浸食などの地形変化をはじめ、地震や山崩れなどの災害の痕跡もまた、それぞれの土地に刻み込まれている。人間がつくった干拓地・埋め立て地や、起伏のある土地を整地した場合などでは、加えて土地造成の経過も刻み込まれている。それらを正確に読みとることができれば、それぞれの土地の由来を知ることができるが、それにはかなり専門的な調査が必要な場合も多い。

ところが、人々の手によってこのような経緯の記録そのものが残されている場合があり、干拓地の造成碑や開拓記念碑、あるいはそれらの経緯を記した書物などが存在することも多い。災害などの場合には、被害に遭った人々の記憶を伝えようとの試みもある。

先に歴史資料を紹介した例に比べるとごく最近の災害であるが、阪神淡路大震災や東日本大震災など大地震と、それに伴う大火災や大津波の甚大な被災が私たちの記憶に新しい（と我々年配者は思う）。ところがそれらの新しい災害の場合でも、世代が変わり始め、記憶が褪せないようにする努力がすでに始められている。

このような災害に止まらず、人々が残した土地に関わる記憶には、地形や地層に刻み込まれた痕跡以外にも、さまざまな形で伝えられたものがある。その例をいくつか紹介しておきたい。

7世紀に始まったため池築造

まず狭山池（大阪狭山市）の場合を振り返ってみたい。狭山池は、大阪平野南部を北へと流れる天の川と今熊川を堰き止めてつくられた、大規模で人工的な灌漑用のため池であった。成立当初から自然のものではなく、人間がつくったという意味で、はじめから文化景観であった。

谷口に当たる北側に堤体があり、南側に湛水している灌漑用ため池である。堤の東西両側から、東除川《ひがしよけ》と西除川《にしよけ》が北へと流出し、ほかに堤体下の、東・中・西樋の3カ所の樋口から用水を取水している構造であった。

その改修に伴う、平成元年（1989）以来の調査によって驚くべき様相が判明した。北側の堤が、何回ものかさ上げ工事によって貯水量が増加させられ、その結果、何回にもわたって貯水・灌漑機能が増大したことが判明したことである。言わば、堤防工事の遺構が語る、築堤の歴史（ため池の歴史）が知られたのである。

その成果によれば、狭山池が最初に築造されたのは7世紀初頭のことであり、堤の高さは

写真6-2 重源狭山池改修碑（重要文化財）大阪府立狭山池博物館提供

海抜74・4メートルであった。すでに、堤の下に木製の樋管を通して、下流へと導水していたことも判明した。8世紀には、行基の主導による工事と、おそらく国家的な工事による、計2度の修復・改修によって、堤の高さが78・5メートルとなり、その折には7世紀の木樋が再利用されていたことも知られた。

さらに建仁2年（1202）、東大寺の僧重源によって改修され、堤の高さは79・2メートルに達した。ついで慶長13年（1608）には、片桐且元によって改修され、その際には古墳時代の石棺や石碑が、中樋の取り入れ口の石材に転用されていた。狭山池では近代・現代にも、繰り返し改修が続けられてきた。

これらのかさ上げ工事を伝える地層こそが、築堤の歴史についての、記憶の蓄積である。その地層の剝ぎ取り標本が、樋管や石棺・石碑（一括して重要文化財）と共に、大阪府立狭山池博物館に展示されている。

ところが、驚くべき発見はそれだけではなかった。石棺とともに転用されていた石碑が、重源の改修の事蹟を刻んだものであったのである。この「重源狭山池改修碑」（写真6―2）は、まず行基の改修工事の来歴や成果をたたえ、次いで重源の改修工事の経緯と目的を記し、末尾に重源と「同行」の人々、「番匠廿人」、「造唐人三人」といった、築堤工事の「行事（実施管理）」集団と技術集団を記しているのである。

まさしく築堤の記憶であり、ため池築造・修築の記憶でもある。現在の大和川北側の平野にまで及んだ水田地帯を含む、「土地の記憶」を伝え語る貴重な石碑である。

多数の薩摩藩士が殉職した治水工事

ため池は不足する灌漑用水の確保にとって重要であるが、平野をつくった河川の洪水を防ぐことも低地を中心に生活をしてきた我々日本人にとって、一貫して重要な課題であった。

河川の治水工事の難易度はさまざまであるが、大河川の場合、とりわけ困難であったことが多い。関東平野の利根川の付け替え工事、あるいは濃尾平野の三川（木曽川・長良川・揖斐川）分流（背割《せわ》り堤築造）工事などがそうであり、また京都盆地の三川（宇治川・桂川・木津川）分流（背割り堤築造）工事もそれらに準じる。

とりわけ濃尾平野の三川分流工事は、「宝暦治水事件」と称される、悲惨な結末をたどったことでよく知られている。昭和13年（1938）に至って、治水神社（岐阜県海津《かいづ》市海津町油島）が創建されたほどであった。文字どおり治水に関わるこの神社は、薩摩藩士の殉職者を顕彰するものである。

治水工事に関わった85名に及ぶ人々の死を伴った事件であり、発生から200年近くを経ても伝えられている、まず、この事件の経緯の概略を記しておきたい。

木曽川・長良川・揖斐川という、3本もの大河川が流れる濃尾平野下流域（岐阜県・愛知県・三重県の三県境付近）は、しばしば洪水に悩まされた低地であった。この一帯に多い、輪中《わじゅう》や押堀《おっぽり》についてはすでに述べた。とりわけ近世の美濃国側は小規模大名の領地が多くて統一的な治水工事が実施できず、いくつもの企画や計画はあったが、効果をあげられなかった。

ところが宝暦3年（1753）には、幕府が薩摩藩主島津重年に川普請工事を命じた（い

写真6-3　大榑川洗堰の説明板（撮影・小川美鈴）

わゆる手伝い普請で、幕府が監督し、藩が資金を負担、人足の動員および資材の準備をも負担した）。

輪中地域の工事は4工区（①桑原輪中（岐阜県羽島市）から明神津輪中（愛知県稲沢市祖父江町）、②森津輪中（愛知県弥富市）から田代輪中（三重県桑名郡木《き》曽《そ》岬《さき》町）、③墨俣輪中（岐阜県大垣市）から本阿弥輪中（岐阜県海津市）、④金廻輪中（岐阜県海津市）から長嶋輪中（三重県桑名市））に分けて進められた。

しかし、幕府監督者の意図的妨害（経費をより多く負担させるためか）と赤痢などの疫病の発生により、薩摩藩士の自害と病死が相次いだ状況であった。これが宝暦治水事件の概要である。

例えば第④工区は、長良川から揖斐川に流れ込む、大榑《おおぐれ》川の分流点に洗堰《あらいぜき》を建設して両川を分離する目的の工事であった。現在でも現地に、その位置の説明版が立てられている（写真６－３参照）。ただし宝暦治水事件の発生のみならず、実際にも当時の技術では難工事でもあったことから、三川分流が最終的に完成したのは、ようやく明治33年（１９００）のことであった。治水神社は殉職者を祀るとともに、その経過の記憶を伝える記念碑でもある。

江戸の土地造成の記憶

さらに、江戸の埋め立て地にかかわる例も加えておきたい。東京湾の北部には埋め立て地が多いことはすでに述べた。

その中の築地の一角に、波除《なみよけ》稲荷神社（あるいは単に波除神社、東京都中央区築地６丁目）と称する、特異な名称の神社が存在することもまた、土地造成の記憶に関わる。

東京における、築地から豊洲への市場の移転後も、築地場外市場（東京都中央区）は観光客でにぎわっているが、商店が立ち並ぶ通りを東南へ向かうと、突き当たりにこの波除稲荷神社がある。

築地は、明暦3年（1657）の大火の際に焼失した本願寺の、移転地の対象（現築地本願寺）となったことを契機として造成されたという。

享保元年（1716）「分道江戸大絵図」には、既に「御浜御殿（現在の浜離宮）」の北方に、「尾州御屋鋪・因幡丹後守」等の屋敷を介して「西本願寺」寺域が描かれている。同図にはまた、築地場外市場の位置に相当する「南八丁堀一丁目～五丁目」の東南端の隅田川岸に「イナリ（稲荷）」と標記し、鳥居を描いている。さらに、「いなりはし（稲荷橋）」も描かれている。

宝暦7年（1757）「分間宝暦江戸大絵図」にもほぼ同様に表現されており、隅田川岸には「此所諸国集船之湊」、「此所波ヨケ」といった標記がある。当時は河川の堤防を川除《かわよけ》と称したので、波ヨケとは波防の施設であろう。築地における、波除という表現の絵図への登場である。

嘉永3年（1850）『江戸切絵図集』の一枚には「稲荷社、稲荷橋」が標記され、隅田川河口付近には「此辺一円鉄炮洲ト云」とある。

写真6-4　波除稲荷神社（東京都中央区築地）

江戸時代末・明治になると、築地北部に外国人居留地や講武所が設置され、やがて海軍関係施設が設置された。関東大震災（1923年）の被災による壊滅の後、改めて道路建設と区画整理が行われた。

やがて、日本橋の魚河岸が築地へ移転され（1935年）、場外市場も成立した。その後、第2次世界大戦中の閑散期を経て、戦後はそれらが復活して活況を呈した。近年における築地市場の豊洲市場への移転を経て、現在は跡地の再開発が予定されている。

波除稲荷神社は現在、高層ビルを背景として立地している（写真6－4）。一見すると、不調和な存在のようであるが、築地の歴史の一端を語る土地の記憶であろう。築地という地名もまた、住居表示の実施（１９６６年）を経てもなお残って使用されているが、これもまさしく埋め立て地を意味する地名である。これらの存在の歴史は、すでに述べたように同時代の絵図の表現においても確認することができた。

ただし、地名はしばしば変化するので、築地のような例が一般的に通用するとは限らない。次章で地名の変化について概観しておきたい。

第　7　章

地名は変わりゆく

東京と京都の名称はいつできたか

「東京」が明治維新まで「江戸」と呼ばれていたことは、今さら言うまでもなく誰でも知っている。

徳川幕府を倒した明治政府は、明治元年（1868）7月に東京府を設置した。翌年には、天皇滞在中は太政官を東京に移すとして、事実上の遷都を行った。東京の名称は、この明治元年以来である。京都の名称を前提として、江戸を東京と改名したのである。ただし江戸時代から、古地図などに、江戸とは別の「東都」などという表現が見られた。

「京都」の名称もまた当初からではなく、時代を経た変化の結果であった。延暦12年（793）に、桓武天皇が山城国「葛野《かどの》」へ御幸して新京の地を巡覧し、翌年に「平安京」を新設したことに始まる。その後長く、「京」が通称であったが、鎌倉幕府は「京都」と表現することが多く、しばしば『吾妻鏡』にこの表現がみられる。「京都守護」という役職や「京都大番役」と称する課役名もあった。

一方では、平安京の左京と右京を、東京（現在の東京とは異なり、平安京の東部）と西京と呼んだり、あるいは唐の洛陽と長安になぞらえたりする文人等もあった。右京（西京、長安）が衰微した後には、左京を洛陽にちなんで「洛中」と呼ぶことが増え、洛中が京の呼称とされた。やがて、洛中周辺の洛外も含めた、いくつもの「洛中洛外図」が描かれた。

江戸時代にも「京」が一般的な呼称であったが、幕府は「京都所司代」や「京都町奉行」も設置し、幕末には「京都守護職」を設置していた。現実には、京・京都・洛中が、さまざまな形で併用されたものであろう。

例えば近世には、京へ上る「上京《じょうきょう》」（時に「上洛」）が上方へ向かうことであったが、明治以後はそれが東京へ向かう意味となり、代わって「上洛」という用語が定着した。

このように地名は、時代とともに変化してきた。先に述べた、江戸から東京への改称の場合は明らかに政策的ないし意図的な改変であり、京都の場合でも平安京の名称は、建都に伴う新しい名称である。ただし平安京から、京、洛中、京都への変化の過程は複雑であり、少なくとも一斉に呼称が変わったわけではない。

「大阪」が、かつて「小坂、大坂」の文字で表現されていたこともよく知られている。発音は同じか、あるいは類似していても、文字だけが変えられ、何通りかで表現されることも珍しくない。

すでに古代において、「火国《ひのくに》」の火が、肥前国と肥後国の「肥」へと文字が変えられたり、「毛国《けのくに》」の毛が、上野国と下野国の「野」に変えられたりしたような場合もあった。和銅6年（713）の官命にこたえて編纂された『風土記』が、多くの村や山川の名称の由来を記していることはよく知られている。しかし、それらの多くが変化してしまい、現在まで継承されていることはきわめて少ないことも変化の一証であろう。

また日本では、古代から、地名に好い文字を当ててきた。平安時代編纂の法律施行の細則を記した『延喜式』（民部上）には、諸国の郡・里名などに「二字を用いて、必ず嘉名《よき》をとれ」としている。政策的に地名の文字の改変を統制していたのである。

要するに地名は、しばしば意図的に変えられてきたのである。従って、文字で表現された現在の地名から直接、安易にその起源や意味を想定することができない。ここで紹介したのは政策的な場合や、それに関連する地名変化であるが、ほかにも地名が変わる際には、さまざまな状況がある。

ただし都市名や市町村名の変化には、その時期や契機に、いくつかの代表的な類型がある。次にそれらについてみておきたい。

市町村合併による地名の変遷

都市名や市町村名はいろいろな契機で変化するが、その中でも多いのは、市や町・村などの自治体が合併する時である。近代から最近にかけて、何回にもわたる合併の推進政策によって、各地で地名変更が発生した。

早い方では、例えば「蒲郡《がまごおり》（愛知県蒲郡市）」を挙げることができよう。明治9年（1876）に、ほぼ三河国を範囲としていた額田県が移管され、現在の宝飯郡蒲形村と同郡の西之郡村とが合併して蒲郡村となった（愛知県の承認は明治11年）。両村の旧名から一文字ずつをとって新村名としたものである。現在も蒲郡市として、この地名は存続している。

この後、明治22年（1989）の町村制への転換の際には、とりわけ多くの旧村（藩政村、江戸時代から続いてきた村）が合併して近代の自治体となったが、その際にも多くの新名称が誕生した。

例えば、滋賀県甲賀郡貴生川《きぶかわ》村（現在の甲賀市の一部）は、この年に、旧村の内貴、北内貴、虫生野、宇川の4村が合併して成立した。その際、旧村の文字を一字ずつとって新しい村名をつくったものであった。現在でもJR草津線および近江鉄道の駅名として残存している。

類似のパターンはほかにも見られる。京都府久世郡久御山《くみやま》町は、昭和29年に久世郡の佐山村と御牧村が合併してできたもので、郡名と旧村名のそれぞれ1文字を組み合わせた町名である。

久御山町が誕生した時期の動向は、「昭和の合併」と称される。次の、「平成の合併」と呼ばれる時期にもまた、さまざまな地名変更が発生した。合併によって広域となるために、郡名を採用した場合や、旧国名を採用した例がある。

郡名ないしその一部を採用した例には、富山県射水市（平成17年〔2005〕、新湊市と射水郡小杉町・大門町・大島町・下村が合併）や、富山県南砺市（旧礪波郡南部、平成16年、東礪波郡福野町・井波町・城端町・平村・上平村・利賀村・井口村と西礪波郡福光町が合併）などがある。

旧国名を採用した例は、福井県越前市（平成17年、武生市と今立郡今立町が合併）や福井県三方上中郡若狭町（平成17年、三方郡三方町と遠敷郡上中町が合併）などである。

合併時期はこれらとは別であるが、広域の自治体となって旧国名・県名を利用し、しかも名称をひらがな表記とした例もある。

青森県むつ市の場合は、もともと昭和34年（１９５９）に下北郡田名部《たなぶ》町と大湊《おおみなと》町とが合併してできた、旧町名をそのまま連ねた市名であった。合併当時の大湊田名部市が、翌年になって市名をむつ市に変更したものであった。平成17年にはむつ市が、下北郡川内町・大畑町・脇野沢村を編入している。

また、さいたま市（埼玉県）は、浦和市・大宮市・与野市の3市の合併（平成13年）によって、県名を市名として誕生し、岩槻市を編入（平成17年）して現在に至っている。

このように、市町村合併が都市名・市町村名、つまり地名変更の大きな契機の一つであった。

字から小字へ

地名の変遷をいくつかの例で説明したが、取り上げたのは、いずれも都市名や市町村名であった。これらよりも小さな範囲の地名（一般的には「小地名」と表現すべきであろう）の成立と継承、さらにその変化の例を検討してみたい。

明治22年に合併した旧村（多くは近世以来の藩政村）では、村の中の小範囲を「字」と呼ばれる小地名で表現してきた。村の内部に、村を構成する字があったのである。

明治22年、この旧村のいくつかが合併して大きな新村となると、旧村は一般に「大字」と呼ばれた。その結果、旧村の字は、新村成立とともに「小字」と呼ばれることとなった。まさしくこの時点において、旧村名と字名が「大字・小字」名となったのである。小字の成立である。

この時の合併より前の明治4年（推定）には、例えば「滋賀県愛知《えち》郡三津村（後に合併して稲枝村、さらに合併して彦根市）耕地絵図」（図7－1）と呼ばれる古地図が作製されている。図7－2は、この耕地絵図に記された字名（後の小字名、小字地名ともいう）とその範囲を3000分の1地形図に転記したものである。

三津村の字名の多くは、一辺一町（109メートル）の方格に対応している。この方格は、8世紀に完成した条里プランの「坪」（9世紀から、8世紀には「坊」）の土地表示のた

図7-1　三津村耕地絵図

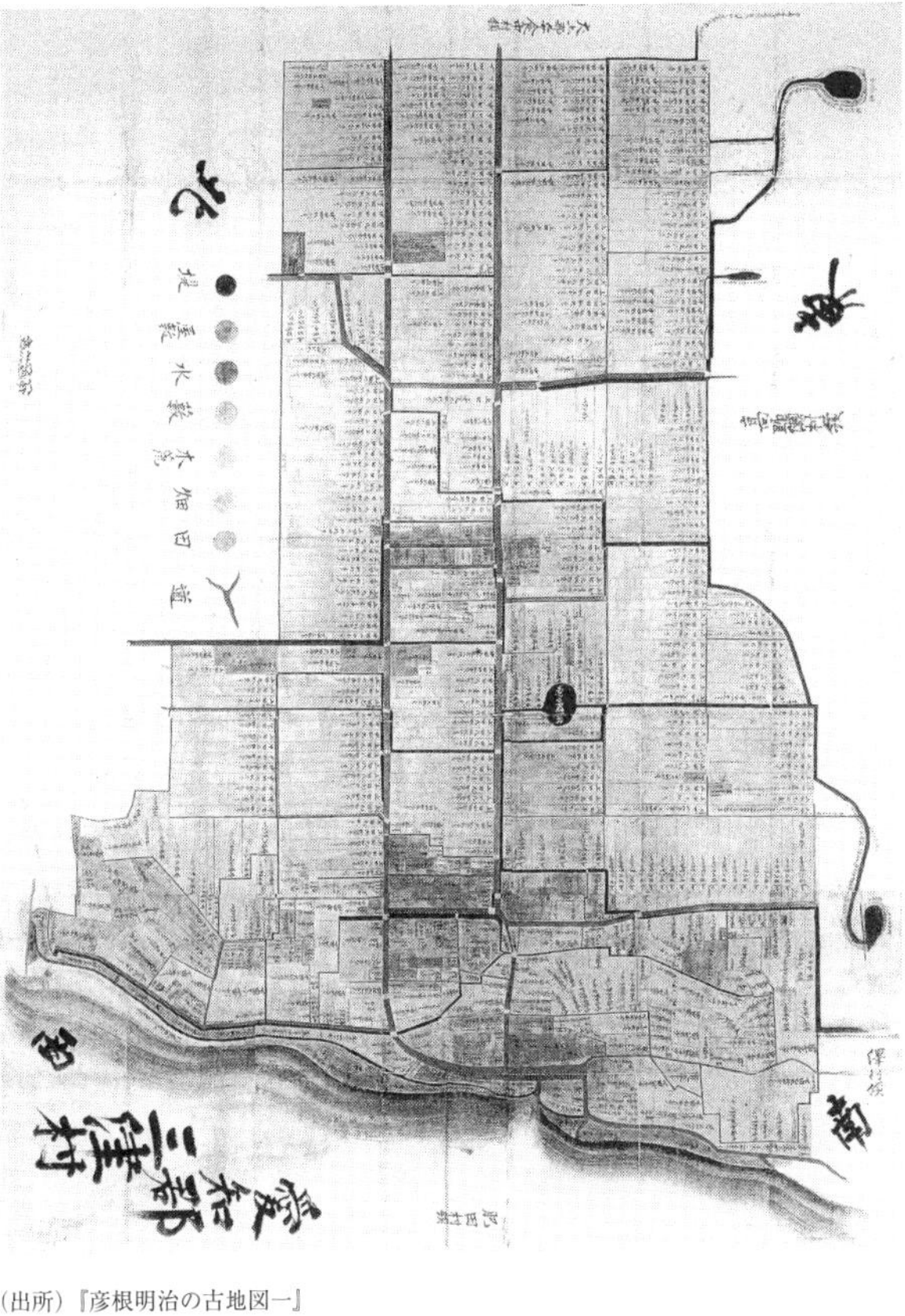

（出所）『彦根明治の古地図一』

図7-2　旧三井村相当部分3000分の1地形図

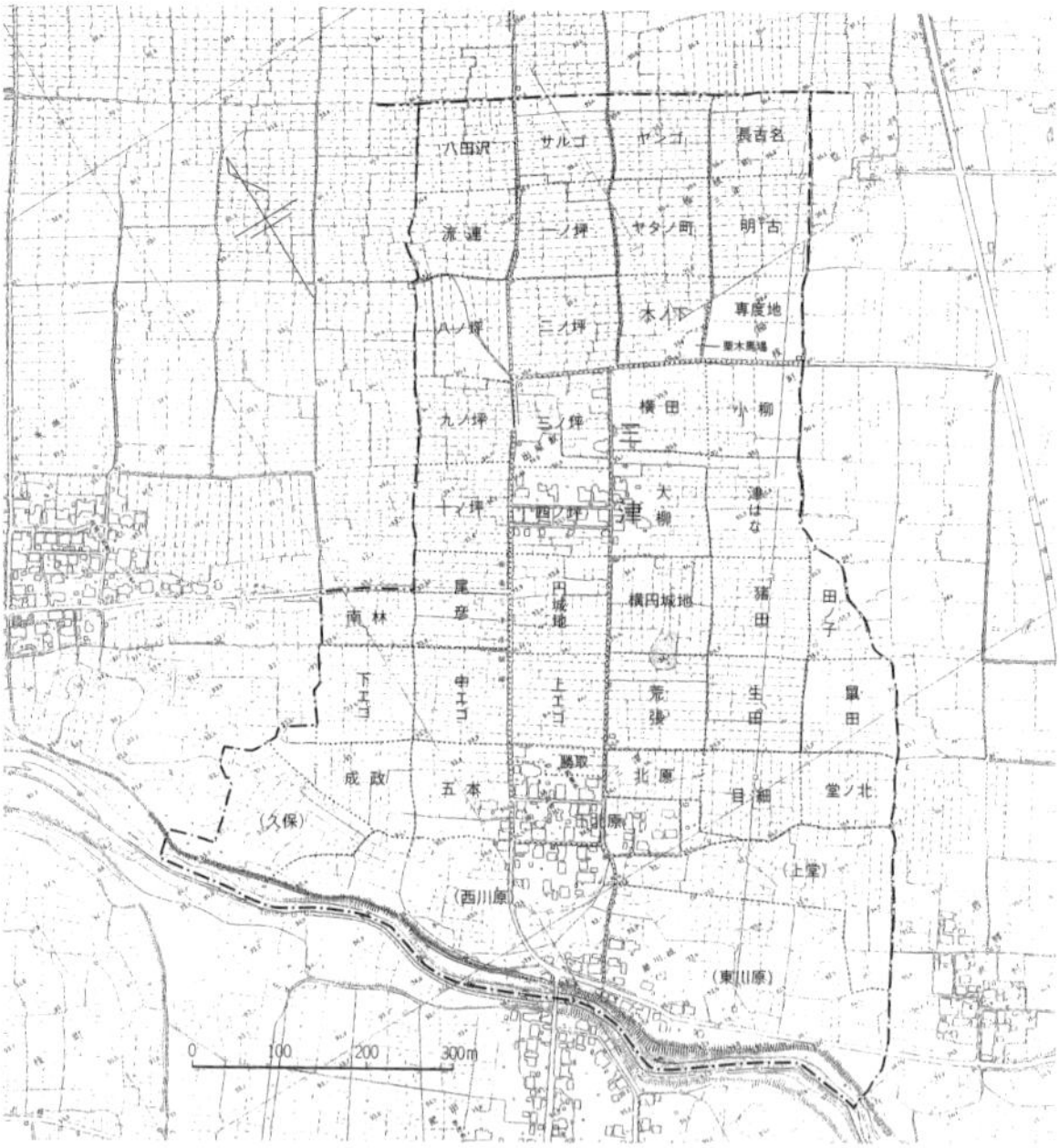

（出所）『彦根明治の古地図一』

めの区画であったが、後に条里地割として、実際に方格状の道や溝として定着したものである。ただし、三津村南部の愛知《えち》川沿いの部分では、これとは異なった、不規則な地割形態となっている。

　三津村の西北部では、北から南へ「一ノ坪、二ノ坪、三ノ坪、四ノ坪」の字名が並び、二ノ坪の西隣から南へ、「八ノ坪、九ノ坪、十ノ坪」の字名が並んでいる。「○ノ坪」という様式の名称は、条里プランの条里呼称の表現と同じである。それらが条里地割と対応して存在しているので、かつての条里呼称の遺称であると考えられる。

条里プランでは、一町方格（坪）の6区画を一辺とした正方形の範囲を「里」と称し、その中の36区画に一～三六の番号を付して、○ノ坪と呼んだ。この三津村の場合、「一ノ坪」～「四ノ坪」は、里の中の区画の、第1列目の一部分、「八ノ坪」～「十ノ坪」は第2列目の一部分であったことになる。

もともとすべての区画に坪番号が付されていたのであるから、条里地割の部分では全体が、この例のような○ノ坪といった字名で埋まっていても不思議ではない。しかし、それらの多くは別の字名へと変化していることになる。その理由や時期は不明であるが、おそらくいろいろな時期における、いろいろな由来の結果であったものであろう。

ただし、三津村南部の不規則な地割部分における「東川原、西川原」は文字通り愛知川の河原に関連するものであろう。「久保」も「窪」に由来する可能性がある。

この東川原・西川原付近もまた、全体としては古代以来の近江国愛知郡の条里プランの範囲内であった。一つの可能性は、愛知川沿いの不規則な地割部分にもかつて条里地割が存在し、その後に洪水で河原になった経緯を反映した結果である。もう一つは、この付近がもともと河原の未開地であって、条里呼称で位置を表現するような農地が存在しなかったことを反映する可能性である。

しかし、いずれであったかは不明である。したがってこの部分は、いったん成立した小字が変化したものか、それとは別途に成立したものかについても不明である。

このように字名（小字名）には、古代の条里呼称が定着した部分も、その後変化した部分も、これらとはまったく別の起源の部分も混在している可能性があることになる。それぞれの地名が、それぞれの理由によって、継承されたり、変化したりしたのである。いわば個別要因による地名変化とでもいえよう。

制度改変の際に地名が変わる

ここに紹介した滋賀県愛知郡三津村の場合は、字名の一つひとつが、それぞれの時期と契機によって変化したものであった。ただしこの場合は、地名変化の前後においても字名の範囲には変化がなかった。大半の字名が旧来の条里プランの坪の区画に対応していたのであり、少なくとも川沿いを除いて、地割形態には大きな変化がなかったことになる。

それぞれの字名が変化した時期は多様であったものであろうが、その理由を推測できる例があるとしても、基本的には不明とせざるを得ない。

これに対して、先に紹介した都市名や自治体などの名称は、変化したとしてもその時期や契機を探ることがそれほど困難ではない。近現代の場合、多くの例が、明治22年の町村制の成立時、あるいはその後の市町村合併の時期などを契機としていた。その意味で、変化の前後をたどることは、史料さえあれば容易であり、比較的わかりやすいと言えるかもしれない。

しかし、字名（小字名）や市街の町名などの狭い範囲の地名（小地名）は、変化してしまうと史料がなければ旧字名をたどることさえも難しくなる。

さらに明治時代においては、各種の地籍図作製などの制度改変に伴って、やはり地割形態に変化がなかった場合でも、字名そのものを変更するだけでなく、記号化してしまった例さえもある。

例えば越中国礪波郡岩木村（現富山県南砺市（旧福光町））には、「イ、ロ、ハ、ニ、ホ、ヘ、ト、チ」といった字が設定され、同郡田尻村（現富山県南砺市（旧福野町））では、村域全体を「一島、二島、三島、四島、五島、六島、七島、八島、九島、十島」に区分したような場合があった。

これらの例のように制度改変に伴って字名を一斉に変更、あるいは一定範囲について改変した例は、すでに近世でも出現していた。

例えば肥前国神埼郡黒井村（佐賀藩領、現佐賀県神埼市黒井）では、「一本松、二本松、三本松、四本松、五本松、六本松、七本松、八本松、九本松、拾本松、拾一本松、拾二本松」といった「数詞＋松」の様式の字名が設定された（図7－3）。これは数詞を使用しているが、条里呼称のように規則的配列ではなく、またそれぞれの字の範囲もはるかに大きく、また多様な形状であり、起源は条里呼称とは全く異なるものである。

佐賀藩では何回か、このような変更を実施したとみられる。新旧対照の必要が生じたためであろうか、新しい字名を記した近世の村絵図に、旧字名をも併せて標記したものも作製された場合があった。

図7-3　佐賀県神埼市黒井（部分、旧黒井村）の小字名

（出所）『佐賀県地籍図集成（三）神崎郡二』

これらの近世の佐賀藩における例や、近代における加賀・越中の例などは、土地管理の制度改変に伴う、あるいはそれを契機とした地名変化とでも類型化できよう。地名変化には、地割変化を伴わない場合でも、いろいろな契機があった。

圃場整備によって地名が変わる

ところが地割が改変されると、それに対応して小字もまた、一斉に改変された場合が多い。農地の部分では、昭和41年（1966）に始まった圃場整備に伴う地名変化の広がりがとりわけ大きいものであった。

圃場整備事業は、農業の基盤整備のため、大きな農地区画の造成と用排水路や道路の整備を基本としていた。

例えば滋賀県草津市志那町の場合、圃場整備以前には、条里地割がよく残存する部分と、湖岸の不規則な地割形態の部分からなっていた。この点では、第4章で紹介した長浜市下八木町と同様のパターンであった。

図7－4上のように志那町の小字名もまた、もともと地割形態に対応していた。条里地割の方格のそれぞれに付された部分と、不規則な地割に対応した部分からなっていたのである。特に条里地割部分には、一里内における条里呼称の全体を伝える「一ノ坪」～「三十六ノ坪」の小字名があり、里内の条里呼称すべてを伝える小字名が残っているという貴重な例であった。

それが圃場整備によって、基本的に一筆30アールの水田区画に変更されるとともに、小字の範囲と小字名も変更された。この際、研究者の要請を入れて、新しい土地区画の東西幅を、条里呼称の坪の2区画分と対応するようにした。

その上で、図7－4下のように、この新水田区画二〇筆程度からなる、6～7ヘクタール

図7-4 圃場整備以前と以後の小字名（滋賀県草津市志那町）

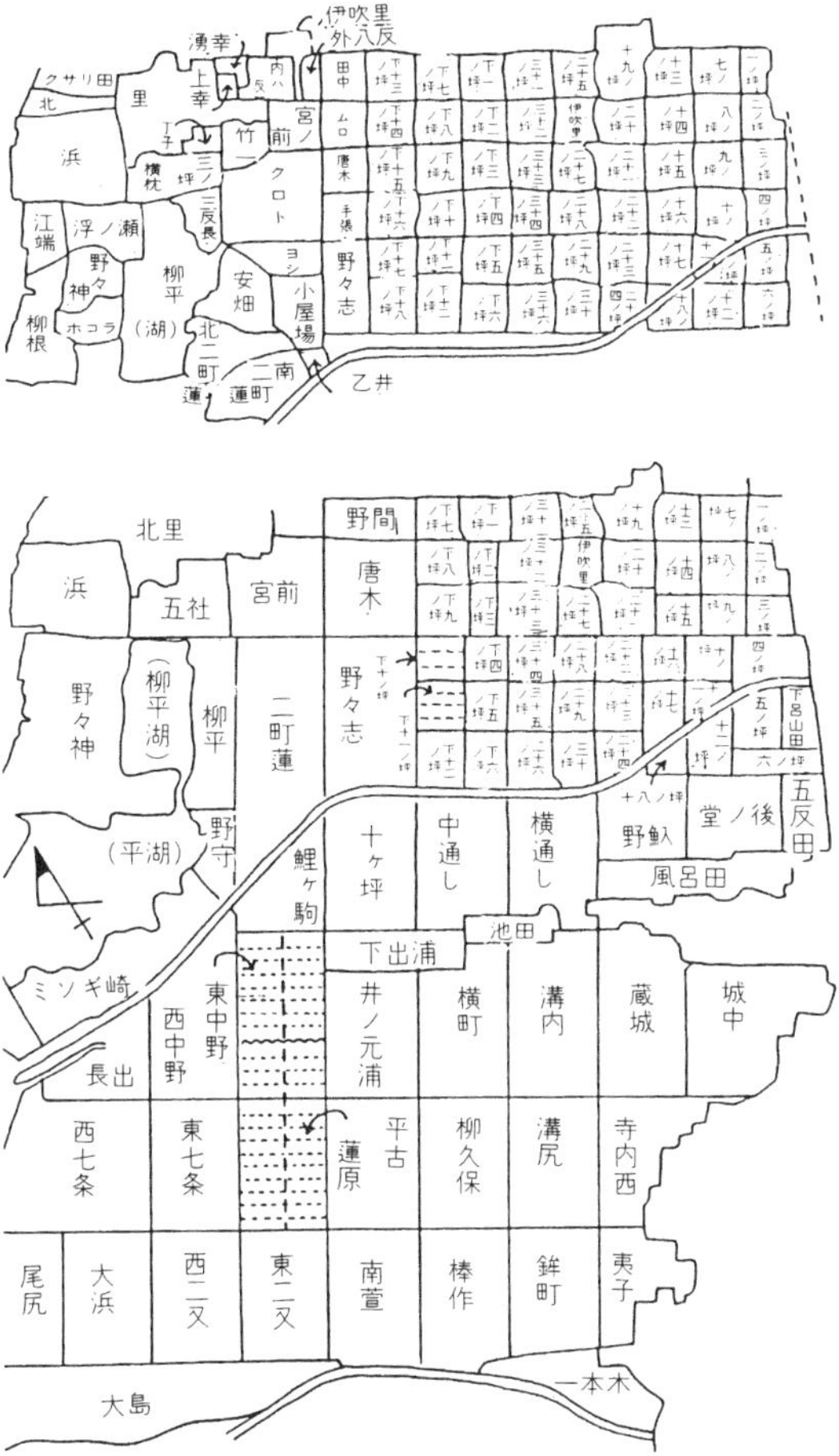

（出所）足利健亮「湖東平野の圃場整備」

の区画を標準として小字の範囲とし、新しい小字名が付されたのである。ただし「一ノ坪」～「三十六ノ坪」の部分は、研究者の要請を容れて、貴重な例として残された。

しかし小字の範囲は、土地区画と合致していなければ現地で場所を確認することが困難であり、地名としての役割を果たしにくい。従って、残された「一ノ坪」～「三十六ノ坪」はともかく、東西幅や一部の東西道路の位置が条里地割を踏襲するように設定されたとはいえ、現地と旧小字は対応しにくい。一般には、土地区画を変更すれば、小字の範囲も変更せざるを得ない。それに連動して小字名も変わらざるを得ないこととなる、というのが趨勢である。

図7－4下はその結果である。小字名の変更に際しては、基本的に旧来の小字名を採用しているものの、その範囲や位置は大きく変動していることになる。またこの際に消失した小字名や、新しく設定された小字名もあって、小字の継続性は多くが損なわれていることになる。

実際には、圃場整備による土地区画の改変と小字の改変が、日本各地で同時に行われたのが一般的な状況であった。

このような地名変化は、個別地名の変化ではなく、地割が変更されたことに伴う、小字の一斉改変である。

都市近郊の区画整理によって変えられた小字名

地名の一斉改変は、圃場整備のような農地部だけで出現したわけではない。代表的な例の一つは都市近郊である。

都市近郊において市街地が拡大する動向は近代以後において一般的であるが、それに伴ってしばしば、農村地帯であった近郊に市街地用の道路や宅地を整備する事業が展開された。これを区画整理事業と称する例が多いが、圃場整備と規模や目的は異なるものの、その際にも土地区画が改変され、小字名の変更が行われてきた。

例えば図７－５は、京都市街北郊の北山と通称される一帯であり、比較的早く市街地が拡大した地域であった。同図の範囲は、上賀茂地区の一部であり、上賀茂神社東南方にあたる。大正11年（１９２２）に測量され、昭和元年に修正測図が加えられた３０００分の１地形図（京都市刊）から、小字名とその範囲の違いがわかりやすい部分を抽出したものである。

図7-5　京都北区上賀茂の小字名

（出所）京都市3000分の1地形図（大正11年）

図7-6　区画整理後の上賀茂地区

（出所）京都府道路地図（昭文社）を加工

これによれば、上賀茂地区東半部では区画整理による道路の新設が終わっていた段階であり、西半部ではまだ区画整理が行われていない時期の様相である。しかしいずれも、小字名とその範囲は旧来のままの状況が描かれているので、変更の前後を知ることができる。

上賀茂地区西半部の西側では、条里地割が比較的よく残っており、一町方格の名残が見られる。小字の東西幅は、条里地割の一町幅であることが多く、南北幅がその2倍となっている例が多い。一方西半部の東側では、小字の東西幅・南北幅共に不規則な場合が多く、条里地割の影響が少ない（残存状況が良くなかったか）地区であったとみられる。

この一帯は現在では、図7－6のように区画整理が行われ、すでに住宅地となっている。町の範囲も新しい区画に対応しているが、小字名に多かった南北に長い範囲ではなく、街区と町名は基本的に東西に長い長方形となっている。

区画整理によって街区は完全に変わったにもかかわらず、町名そのものは基本的に、すべてが旧小字名ないしその一部を踏襲している。図7－6の範囲内では、一部の変更（（　））内が旧小字名、ただし旧小字のすべてに「上賀茂（以下省略）」がつく、新町名にはつかない）は東半部に多く、「池端町（池尻町）、水口町（大水口町）、北芝町・南芝町（天井ヶ芝町)、北茶ノ木町・南茶ノ木町(茶ノ木原町)」などであり、西半部でも「松本町(東・西松本町)」の例がある。

その一方で、新町名には全く採用されなかった小字名もある。西半部では、「忌子田町、御蓼持町、穂根束町、石壺町、一ノ坪町、上股町、松田町、桜町、下桜町、中流石町」、東半部では「風呂ノ木町、黒田町、御屑町、長谢町」などである。

新町名の数は旧小字名の数の3分の2ほどになっているので、町名として適当と思われるものが選択されたことは間違いないであろう。これらの例を見る限り、不適当とされて除外されたものには、難読・難解であるとか、逆に陳腐な場合、また、語感や文字が何らかの理由で、町名にふさわしくないなどとされたものが含まれているとみられる。しかも、町名の範囲が旧小字名のそれを踏襲していないので、結果的に大きく変化していることになる。

この場合は、まだ旧小字名の名残があるが、それをまったく残していない例も多い。何より農地に成立した小字と、そこに新設された市街地の町とは、日常の役割が著しく異なると言わざるを得ない。このへだたりを一挙に解決(?)しようとする方策、住居表示が出現した。

住居表示で変わる地名の機能

小字名と地番によって、土地を区分し、それを管理する方式は、すでに述べたように明治中期以来の基本である。現在でも登記所（地方法務局）が、この方法によって土地所有権とそれに付随する諸権利を管理している。

ところがこれとは別に、昭和37年（１９６２）施行の「住居表示に関する法律」によって、市町村などの自治体が住居表示を定めることができるようになった。さまざまな変化によって、小字と地番による土地の場所と権利の表記と実際とは、地割変更などによって現実とのかい離が大きくなったり、それによる日常生活上の不便が生じたりする状況が出現したのが背景であるとされる。

住居表示とは、コミュニティの形成や維持、また郵便物などの配達に便利なようにするのが目的であったが、土地所有などの基本的な単位である、小字（旧来の町を含む）と地番を温存したままの制度であった。旧来の小字と地番を温存することは、それを改定しようとする場合に予測される、膨大な労力を回避することにもなり、住居表示の実施が現実的に容易となった。

具体的には、道路や川などで区切られた街区ごと（両側の道路沿いに二分する場合もある）に「町（丁）」とし、各住居に番号を付す形であり、「○町○丁目○番○号」、といった様式となる。確かにこの様式は、現時点での場所の表示をわかりやすく行うという点では合理的である。

一方で住居表示が実施されると、小字名と地番によるシステムの役割を、土地所有権などの管理に限定し、地名としての、場所表示を行う機能を著しく低下させることとなった。

福岡市は、福岡地区54町と博多地区98町、および周辺村の一部を合わせて町村制施行直後の明治22年に成立した。最も早い時期の市制であったが、住居表示もまた法律施行（昭和37年）の4年後という比較的早い時期の実施であった。

福岡市中心部の博多区の場合、東雲町（1丁目～4丁目）、古門戸町、綱場町、奈良屋町など、14町が以前のままの町名・町域での住居表示であったが、これ以外は基本的に以前の町の名称・範囲とは別に、59町の住居表示を実施した。

この住居表示の59カ町名のうち、旧来の町名を踏襲しているものが23、下川端町、中呉服町など旧来の町名の一部を使用しているもの16、下呉服町などまったく別の町名が20であった。ただし町名が同じであっても、住居表示の町名の範囲は全く別であった。

住居表示は、地名の機能まで変えることとなった。

住宅団地・ニュータウンの地名

多摩ニュータウン（東京都）は、多摩川南岸の丘陵地帯（標高100〜160メートル程度）に建設された。関東ローム層に覆われたなだらかな丘陵と樹枝状に刻まれた浅い谷からできていて、主として台地上は広葉樹林、斜面は桑畑、谷底が水田というのが伝統的な土地利用であった。

昭和40年（1965）に都市計画が決定され、昭和46年から入居が始まった。当初は11万戸、約40万人の計画であったが、その後計画があらためられ、31万人程度とされた。1中学校―2小学校を基本とする日常生活圏を1住区とし、21住区が構想された。

多摩ニュータウンは、旧多摩町の範囲を中心に建設されたものであり、現在は多摩市と隣接市の一部からなっている。

旧多摩町は、ニュータウン計画成立の前年に、旧多摩村から移行したものである。旧多摩村は、明治22年に「関戸・連光寺・貝取《かいどり》・乞田《こった》・落合・和田・東寺方《ひがしてらかた》・一ノ宮」の旧8カ村が合併（百草村などの飛び地を含む）して成立した。

多摩ニュータウンではこれらの旧村名のうち、関戸だけが「関戸1～6丁目」といった形で踏襲されているが、旧村と現行地名の範囲は変わっている。さらに旧関戸の小字は、「こと川、入江、ゑご田、小河原、大河原、霞ヶ関ノ一、霞ヶ関ノ二、愿地、大河原ノ二」であったが、これらは全く使用されていない。すべて「関戸〇丁目〇－〇」といった様式である。

加えて、「愛宕1～4丁目、桜ヶ丘1～4丁目、山王下1・2丁目、諏訪1～6丁目、鶴牧1～6丁目、豊ヶ岡1～6丁目、永山1～7丁目、聖ヶ丘1～5丁目、馬引沢1・2丁目」といった旧村名ではない新しい地名も採用されている。これらの場合も、旧来の小字名は使用されていない。

多摩ニュータウンは、千里ニュータウン（大阪府）と同様に丘陵地帯に建設された。いずれも近隣住区を基本として街区が構成され、交通路は基本的に谷の部分を中心としていた。

従って、かなりの丘陵部分の削平や、谷部分の埋め立てが行われた。その変化とともに、旧地名の範囲の変更や新地名の採用が行われたのが共通の状況であった。

これほど大規模ではなくても、多くの住宅団地の開発に伴って類似の地名変更が行われた。しかも、住宅地のイメージアップを狙って、旧地名の中から好印象の地名だけを選んだり、全く新しい地名が採用されたりすることが多い

地名はどんなきっかけで変わるのか

これまで紹介してきたように、地名はしばしば変化してきた。その契機を整理してみると次のようになろう。

第1に、本章の冒頭に述べたように、東京という都市名は明治維新に伴って新しく採用された。京都の名称は平安京の別称として出現して次第に定着し、新たな都市名・自治体名となった。また市町村合併などによって、多くの新しい自治体が誕生したが、それに合わせて新しい名称がつくりだされたり、採用されたりした。

第2に、8世紀に起源のある条里呼称は、長く使用され続けられた結果、定着して地名化

した場合がある。またさまざまな別の名称が出現して、字と呼ばれるようになった例も多い。これらの小地名がいったん定着してからも、それぞれが継承される場合があったと同時に、何らかの理由で別の地名に変化した場合も多い。変化の理由を特定できない例が多いが、それぞれ個別の背景があったものであろう。

第3に、近世における土地管理の制度変更の際、あるいは明治初期の土地制度の改変の時期などに、イ・ロ・ハとか、一本松・二本松・三本松などの記号的な小字が出現した例があった。このような記号的な小字名が出現した必然性が確認できるわけではないが、明らかに制度改変ないしそれに類する地籍編成などの際に出現した地名変化の例である。

第4に、農地の圃場整備や、都市近郊の区画整理など、土地区画・地割形態などが変えられた際に、地名も変化した場合が多い。地割の変更が、新地割への地名の対応を余儀なくしたのである。これには、住宅団地や工業団地の造成、あるいはニュータウンの建設など、大規模な整地を行う場合も含まれる。これらの場合には、新しい地割に従って、地名の変更ないし新しい地名の採用を伴った。このような場合を、地割と小字が一斉に改変された例とみてよい。

第5に、これらの四つの類型とは別に、住居表示を採用した場合も、地名変化の類例に含めることができよう。新しい法律の適用という意味では、第3の場合に近い側面もある。従来の地名は、「(旧) 村・字」から「(新) 町村・大字 (旧村名)・小字 (旧字)」という変化はあったが、いずれの段階でも土地制度上の地名と、土地表示上の地名の両方の機能を果たしていた。

ところが住居表示の採用は、旧来の地名の機能を土地制度に特定して、土地所有権の表示に限定するものであった。一方の住居表示は、地名の場所がどこであるかを示す土地表示の機能に特化するものであった。つまり、両方の機能を果たしていた地名としての機能を、一方だけに限定したのである。この第5の類型は、地名そのものの変化ではないが機能の半減であり、次の変化を引き起こす可能性を含んでいる。

五つの類型のうちの第4の場合は、地割変化を契機としているのであり、「地形」の変化ではないが、道路などに画された「土地区画」の変化を伴っているのである。これが最も典型的な地名変化であり、全面的な変化でもある。

また、このような変化とは別に、先に紹介した条里呼称の「〇ノ坪」といった古代の土地制度に由来する地名や、東京の「築地」のように近世の埋め立てに由来する地名が、現在まで継承されて存在するという場合もある。条里呼称はかつて農地であった土地利用の歴史を反映する可能性があり、築地は埋め立てであった歴史を反映している。

しかし五つの類型に分けて説明したように、契機は多様であるが、地名は変化するものであり、現存の地名から直接、現在や過去の何らかの状況を推測することを可能にするものではない。しかも五つの類型には含めなかったが、日本には、地名に「嘉（良き）字」を採用するという、一種の伝統もあった。地名は従って、文字でも音《おん》でも伝承されるので、これらもまた変化の状況を一層複雑にしている。

第 8 章

なぜそれはそこにあるのか

——立地と環境へのまなざし

地域の全貌を記述する「地誌学」

本書は、時間と空間を同時に視野に入れた歴史地理学の視角を基本としてきた。この視角が景観史という見方に結びつくことも、すでに第1章で述べた。景観史が対象とする景観の歴史は、それぞれの地域を単位として展開しているのである。そこで、空間ないし地域を対象としたいくつかの視角を振り返っておきたい。歴史地理学ないし景観史の見方を強調する以前にも、近代地理学の展開とともに、空間や地域を研究し、記述する方法がさまざまに考えられてきた。

まず空間という用語と、地域という用語の異同から振り返りたい。地理学が検討の対象とする空間の広さは大小さまざまであるが、その空間が何らかのまとまりをもっている場合、その空間を地域と呼ぶことができる。例えば地形から見て一つの平野であるとか、行政の上で一つの自治体であるなどの場合であり、いずれも地域の典型的な例である。

一つの平野であれば、まず、ひと続きの相対的に平坦な土地であることを前提としている。さらに、平野そのものをつくった河川を共有するのが普通であるので、利用する灌漑用水とか、上下水道といった水系も共通する場合が多い。また基本的に地形障壁が少ないので、移動・活動や日常生活上のまとまりがあるといった共通性が成立しやすい。

また一つの自治体というのであれば、同じ条例や社会予算の下にあるとか、社会サービスのあり方とかの共通性が高く、コミュニティの運営の方法や学校教育などにも共通性が多い。

このような状況がみられるのが普通であるが、これらは単なる例示に過ぎず、何らかのまとまりを生み出す契機や要因は極めて多様である。どのようなまとまりにしろ、何らかの実質的なまとまりを持った空間を、実質的あるいは「実態としての地域」と表現することができる。

これに対して、例えば地図上に1キロメートル単位の方格網を想定し、その各方格内に含まれる事象の数を算出して検討するような場合、それぞれの方格の範囲そのものは実質的なまとまりではなく、操作のための便宜的な空間の単位に過ぎない。方格ではなくても、統計上の集計の単位なども これに類している場合がある。これらの操作上の空間区分による範囲を、実態としての地域に対して、形式的ないし便宜的な空間の単位と表現することができる。あるいは地域の表現を使うとしても、それは「形式的な地域」であろう。

ただしこの2種類の「地域」は、必ずしも厳密に区分できるものではない場合がある。よく例に出されるのは選挙区である。選挙区が人口規模の均一を優先して設定された場合、自治体の範囲などを踏襲していない限り、それが設定された時には実質的なまとまりがない場合が多く、一種の形式的な地域である。しかし、それが固定的に継続すると、有権者のいろいろな結びつきができて、実体としての地域の要素を持つようになることがある。やがては、これに付随する要素が加わり、実際にまとまりのある地域に等しくなる場合さえ出現する可能性がある。

いずれにしろ単に地域と称する場合は、何らかのまとまりのある実質的な地域、あるいは実態としての地域を指すのが普通である。第1章で紹介したように、地理学を空間的並存の状況を記述する学問と定義した際に、カントが意図した空間とは、自然を中心としたこのような地域であったと思われる。

しかし空間（地域）を構成する極めて多様な現象を、研究や記述の対象とすることは容易ではなかった。この視角を具体化したのがハイデルベルク大学の地理学を主催したA・ヘットナー（1859〜1941）であり、地域の全貌を記述する方法の確立であった。これが「地誌学」と呼ばれるようになる記述方法であり、場所（地域）の本質を明らかにする方法として、世界的に広く受容された。

ヘットナーの地誌学の記述方法では、（ある）場所を研究する場合、まず地域の地形や気候などの自然の状況と、その場所における諸現象との関係を記述した上で、さらにそれぞれの現象相互の関係を取り上げて本質を省察することによって、地域の複合や組織などの特徴を究明しようとするものであった。確かにこの方法は、地域の全貌を記述するには必要な見方であるし、また着実であろう。この方法は、多少の変化を伴いながらも広く世界で受け入れられた。

しかし、どの地域についてもまず自然の状況の記述から始め、地形・気候・植生・人口・産業などと、同じ順番に各要素を記述するという記述・思考の過程はあまりに迂遠であり、無限の工程に陥ることになりかねない。そうではなくて、むしろその地域における有力なもの、代表的なものをまず取り上げるべきだとする考えが主張された。

この視角は「動態地誌学」と称される。簡単に例を挙げると、この視角は、ある地域にはみかん畑が非常に多い、別のある地域には大小の機械工場が非常に多いといった、それぞれの地域における際立った状況からまず検討を進めるといった方法であった。動態地誌学と呼ばれるこの視角は、最近、日本の学校教育にも導入され始めている。本書は地域の記載を目的としていないが、ある事例を取り上げる際には、このような特徴的な現象にまず言及してきた。その点ではこの視角に近い。

地域の違いを発見する難しさ

ヘットナー以来の地誌学の方法に戻りたい。この地誌学は世界各地で広く受け入れられた。それぞれの国でこの方法を受容し、研究を展開した研究者の個性が加わった結果、若干の差異はあるものの、基本的には類似の方向であった。

しかしその一方で、コンピュータの発達に伴う、データの分析方法の進展とともに、地域の状況や動向について、規則性ないし法則性を求める視角こそが重要だとする考えが台頭してきた。この動向から見れば、地誌学は地域の違いや地域の個性を強調することのみにつながるとして、その方法への批判を起こした。代表的な批判は、地域の個性を記述する地誌学の姿勢を、「例外」を探す姿勢（例外主義）とするものであった。

とはいえ地誌学は、地域を知るために依然として有効な基本的方向である。その成果を例外にとどめず、有意義なものとするためには、重要な視角の一つが比較であろう。

それには、ある地域とある地域を比べ、両者がどのように違い、あるいはどのように類似しているのかを知ることができればよいことになるが、比較には、いくつかの条件があり、必ずしも容易ではない。

この条件の代表例が地図でいうスケール（縮尺）の問題である。例えば日本との比較に際して、しばしばヨーロッパではこうだといった表現を持ち出す人がある。しかしヨーロッパでも、例えばイギリスとイタリアでは違いが大きく、日本と比べるならばむしろこれらの個々の国であろう。むしろヨーロッパと比べるのであれば、比較可能な事象については、日本を含む東アジアと比べることは可能であろう。

比較可能な事象というのもまた、若干の説明が必要かもしれない。例えば馬や牛といった家畜を取り上げるとすれば、単に頭数の比較だけでは、多いか少ないか、何倍か何分の１か、といった結果しか出てこない。ところが一定面積当たりとか、１人当たりとか、１経営体当たりといった風に比較可能なデータとすれば、有効な比較が可能となる。さらに、馬にはレース用、搾乳用などがあり、牛には肉用牛・乳用牛があるといった、種別をも比較対象に加えると、比較はより精緻になりうる。

人間についても同様であり、単に人口にとどまらず、人口密度や人口構成、都市居住か村落居住か、あるいは宗教や言語といった、有意な指標を採用することによって、比較そのものがより有効になる場合も多い。

要するに比較には、比較の単位あるいは対象について、有効な比較が可能であることが前提となる。この状況が実現しているのは、同一のルールと同じ競技場で競争する、スポーツが最も典型的な例であろう。

本書で取り上げている地形についても、地形一般を取り上げたわけではないことの説明を加えておきたい。本書では日本の平野を対象としてきたので、人工的なものを除けば、河川によって堆積ないし浸食された台地と低地のみに対象を限定してきた。しかし世界の平野には、構造平野とか海岸平野とか呼ばれる、成因の異なった広大な平野も存在する。したがって、地形条件について世界的に比較するのであれば、この点を視野に入れる必要がある。

いずれにしても個別の場所を取り上げて、その特徴を見出そうとする方向そのものへの批判もある。何より科学的証明が必要だとする立場である。

さまざまな地図の表現

空間的事象はすべて、どこかの空間に存在する。それを表現する最も有効な手段が地図である。国土地理院が作製・刊行を担ってきた地図にはいろいろな種類があるが、「一般図」と総称されるのが、いろいろな地上の事象を表現した、いわば普通の地図と認識されているものである。これに対して、人口密度などの特定の対象を表現した各種の地図が「主題図」である。

ところが国土地理院の一般図には、5万分の1とか、2万5000分の1とかの縮尺の「地形図」もあれば、20万分の1の「地勢図」もある。「地形図」であっても、地形のみならず、市街地や、行政範囲や地名、田・畑・果樹園などの土地利用などをも表現している。

例えば英語では、日本の地形図に相当する地図を topographic map と呼ぶのが普通であろう。意味は「地誌図」といったような内容であり、むしろ地勢図の意味に近い。地形図を直訳すると geomorphological map となろうが、これではむしろ地形のみの主題図の意味に近い。いずれにしても世界中で地形図のような地図が作製されている。

名称にこだわる必要はないが、これらの現代の地図は、縮尺や表現する事象について、それを表現する（記号化する）記号についての基準（凡例）が明確であり、測量や調査の精度と、地図の縮尺内における表現可能性の範囲内においては正確である。このような地図が作製され始めたのは一般に近代なので、近代地図と総称する。

これに対して近代地図以前における、凡例や縮尺が明確でない地図を古地図と呼んでいる。別の表現をすれば古地図とは、近代地図への方向性を有してはいるが、技術的に未発達であって不正確であることが多い。正確さよりもむしろ、情報や意図を伝え、あるいはそれを共有化することに重点があるといってもよい。

そのために表現の対象が任意に選択され、またその表現のありようが任意に強調されることが多いのである。目的のためには有効であろうが、時に恣意的に見えたり、不正確さが目立ったりすることもある。

さて近代地図が、一定の基準において空間的事象の立地や分布を表現しているとなれば、地図によってそれらのあり方（立地）や、存在の状況（分布）を正確に知ることができるし、その状況や理由を分析することが可能となる。近代地図はこのようにして、立地や分布の状況を確認したり、その理由を考えたりする基礎となった。

しかしさらに詳細に知るためには、とりわけ土地の状況については、地形図や地勢図の縮尺では不十分な場合も多く、しばしば1万分の1図、３０００分の1図、２５００分の1図が用いられている。道路建設や圃場整備などの各種土木工事や、考古学的発掘調査などに際しては、１０００分の1図あるいはそれ以上の大きな縮尺図が作製されることも多いのが現状である。

これらの近代地図そのものが一般的に立地や分布を表現しているが、特定の対象を取り出して表現したのが主題図であり、作製の目的は立地や分布の理由を考えることと、それを表現して伝えることである。本書で紹介した水害地形分類図や土地条件図、またハザードマップもその一種であることになる。

今や正確な位置の確認や地形の測量などには、衛星情報が広く利用されている。さらに、ＧＩＳ（地理情報システム）を始め、立地や分布の分析技法は著しく進んでいるが、基本は近代地図の発達と調査データの充実であり、またコンピュータの発達である。この状況の活用のためには、それら各種データの特性の理解の必要性が一層高くなっていると言わねばならない。

環境論とその受容

本書では、我々が暮らしてきた地形、特に平野の地形について考えてきた。それを、我々の地形環境ないし平野の地形環境はどうであったのか、またどうであるのかを考えてきたと言い換えることができよう。

この「環境（Umwelt、周囲の世界という意味も）」に注目し、20世紀の地理学への橋渡しを演じた、とりわけ重要な一人はF・ラッツエル（1844〜1904）であった。ラッツエルは、ケルン新聞社の旅行記者、ミュンヘン高等工業学校地理学講師などを経て、ライプツィッヒ大学に就任した。

ラッツエルはもともと自然に関心を持って、専門的な調査を行っていた。記者時代には世界各地に出かけるようになり、ヨーロッパ各地にとどまらず、北アメリカ、メキシコなど、違った生活と文化や、異種文化の接触、世界のヨーロッパ化などへ関心を持って、いくつもの著作を発表した。

ライプツィッヒ大学就任前にはすでに、大著『人類地理学』の第1部「歴史への地理学の適用についての基本問題」を著していた。就任後は第2部「人間の地理的分布」を完成し、さらに『アメリカ合衆国―とくに自然制約性と経済事情からみた政治地理学』など、多くの著作を刊行した。ラッツエルは、土壌の性格や気候、さらに動植物界などの外部の自然から人間に与える、さまざまな影響の総体を環境としてとらえていた。

ラッツエルの視角は広く世界に影響を及ぼしたが、弟子の著作を通じて、人類やその歴史におよぼす自然の影響を過度に強調した考えが広がった。いわゆる環境決定論である。この位置づけの評価は別にして、ラッツエルが生物学的方法を土台として「生物と地球との空間的並びに素材的なる統一性」を主張したことは事実である。

日本では和辻哲郎が、ラッツエルの著作をいち早く評価した。『風土』の刊行は1935年であるが、「序言」によれば、1928年～29年の「講義の草案（当時在任した京都帝国大学であろう）」を基にしたものであるという。

和辻は、前記の『人類地理学』などの4書を引用し、ラッツエルの「地理学を人間生活に密接に結びつける努力」を高く評価した。さらに、「生物学的なる『生《せい》』と地球空間との関連を論じ、（中略）空間が生の空間であることを明らかに」したと賛同した。国家を「自然有機体」とみる考えにも賛同した上で「単なる有機体としては不完全な状態にすぎないのであって、より高い段階に至ればむしろすでに精神的人倫的なものに化している」として、自らの風土論へと導いている。そのうえで『風土』の著名な「三つの類型（モンスーン、沙（砂）漠、牧場）」の考察を展開したのである。

和辻は風土を哲学的思考へと結びつけたが、日本ではその後、地理学者を含む多くの研究者によっても風土が論じられている。

歴史的変化と社会環境への視角

さて、ラッツエルとほぼ同時代のP・V・ドゥ・ラ・ブラーシュ（以下、慣用に従ってブラーシュ、1845〜1918）は、歴史学の素養に立脚しつつ「自然と人類との間、舞台と歴史との間の相関関係」を人文地理学の課題とした。ブラーシュはナンシーの文科大学で地理学を講義し、次いでソルボンヌ大学の地理学講座を担任した。いわゆるアナール学派の一人である。

主著『人文地理学原理』(以下、引用は飯塚浩二訳による)はブラーシュの没後、ドゥ・マルトンヌによって遺稿を整理して刊行されたものである。なお、和辻は『風土』の改訂版において、この著作を知らなかったと記している。

ブラーシュは、まず同時代の先輩ラッツエルを、「人文(人類)地理学を、生物学的方法を土台として再建した」と評価した。ブラーシュ自身の研究も、この「生物地理学的方法に立脚」していることを言明した。ラッツエルの「地的統一」の概念に賛同してそれを継承しているが、「人類と環境」については歴史的知見ならびに「人類の分布状況」に関する知見が広がっているとして、新たなデータと「推算」によって「諸々の比例的関係を」考えるべきことを述べている。

ブラーシュの考えがよく表現されている「生活様式と文明の諸領域」は、「諸々のローカルな環境をその傘下に吸収してしまふような文明の領域、多くの生活習慣に或る一般的な色彩を帯びさせずには措かないやうな文明の環境といふものが、時のたつにつれて、出来上がってくる」と書き始められている。環境を生物学的にのみ捉えるのではなく、文明の領域や環境の歴史的変化を視野に入れているのである。

先に述べたように、ラッツエル学派の考えを環境決定論と位置づけることがある。ただしラッツエル自身の考えの実態は、生物学的方法によって自然環境を中心に扱っていることであろう。そこでは人間もまた、動物の一種に近い位置づけであったとも言えるかもしれない。しかしラッツエルによって、環境が重要な対象として認識され始めたことは間違いない。

これに対して、歴史学の素養に立脚したブラーシュがラッツエルと基本的に違う点は、「歴史的見地の重要性を素直に承認すること」にあった。ブラーシュ学派は、ラッツエルの生物学的環境に加えて、歴史あるいは社会環境を視野に加えていることが違いであった。このようなブラーシュ学派の視角を、ラッツエル学派を環境決定論と称することに対比して、環境可能論と単純化して表現することがある。必ずしも的確な表現ではないように思うが、自然環境は、人間社会の活動の基盤ないし可能性をもたらすという趣旨であろう。

本書では環境という視角で表現すると、平野の地形環境を中心に考えてきたことになる。

ただし、歴史的および社会的環境にも、十分に配慮した記述を心掛けてきた。具体的には、河川営力に加え、河川の築堤の歴史と影響、人がつくった土地、土地区画や地名変化などである。いずれも人々が改変にかかわった歴史的ないし社会的な環境変化の類例である。

本書において、対象をとらえてきた視角には、いずれもその背後に展開した思考の流れがある。その展開過程の一部をここでは紹介した。

おわりに

小著では、私たちが暮らしてきた日本の地形、特に平野の地形を中心に述べてきた。筆者は、歴史地理学の研究を志して以来、ずっと地形に関心を持って研究を進め、論文を発表してきたが、それを主題として初めて一書としたのが、『微地形と中世村落』（吉川弘文館、1993年）であった。この書名にある「微地形」の用語を始め、小著では触れてこなかったいくつかの事柄がある。最後に、それらについて述べておきたい。

何よりもまず、地形には大陸の規模から微地形の規模まで、さまざまなレベルがあることである。その形成やメカニズムについても、構造地形や大地形といった考え方がある。ただし、地形の形成や変化の時間と、人間生活の時間とは著しく異なり、その関わりをすぐに説明できるわけではなく、小著では全く触れていない。

小著が対象とした、また一般に使用される地形とは、山地・丘陵、および平野のいろいろな地形である。その中でも小著の対象は、われわれ日本人が暮らしてきた平野の地形である。平野は大きく台地と低地に二分されることを繰り返すまでもないが、なかでも河川による形成途上の低地に記述の中心をおいた。

日本の平野の低地、さらに低地を構成する扇状地や自然堤防帯、氾濫平野、三角州平野、三角州などの地形は、河川による洪水堆積や河川浸食の限りない繰り返しによって、何百年、何千年をかけて形成される。

ところがこれらの地形であっても、その形成や変化の時間は、人間生活の時間とは大きく異なる。しかし、地形の形成過程の一コマ一コマ、あるいはその断片は、時に人間生活の時間や空間の中に出現する。

微地形はこれらの地形を構成する最も小規模な単位であり、何十年、何百年の時間でも形成され、時にはもっと短い時間でも形成される。小著でしばしば取り上げた自然堤防や後背湿地などが、微地形の典型的な例である。

近代以前の機械力の乏しい時代では、土木工事や農業は、どうしても地形条件に規制された。具体的な史料のある中世や近世の場合には、その状況が詳しく知られる例があるが、それらの場合、地形のレベルの規模だけでなく、微地形のレベルや、もっと小規模なレベルの条件であっても大きな影響を及ぼした。その状況を述べるのが、先の『微地形と中世村落』のテーマであったが、その際、説明のために微地形をさらに細区分した。同書で提案したのが、微地形の小規模なものあるいは微地形を構成する単位を、「微細微地形」として区分することであった。

要するに微地形とは、地形より規模の小さな地形であり、一回の洪水でも形成されるような単位であるが、小著ではこれらの用語を使用しなかった。その理由は、記述をわかりやすくするために、可能な限り専門的な用語を避け、またできるだけ煩雑な資料を扱わないようにしたことにある。そのために、煩雑な議論を控えたが、それらを視野に入れた記述を心掛けたつもりである。

日本における平野の地形や微地形は、基本的に河川の営力によって形成された。河川による地形の形成過程や、地形と人々の生活とのかかわりについても、理解しやすいと思われる事例を取り上げながら述べてきた。

しかし、海水準変化や、沿岸流・波涛などの堆積や浸食、あるいは豪雨や地震による山崩れなどについては触れたものの、東日本大震災以来、とりわけ注目されている津波については全く触れていない。海洋から押し寄せる津波は、河川の営力とは全く別種であるので、同じ文脈では言及することができない対象である。

小著では、記述をわかりやすくすることに努め、またそのような記述に適した事例を取り上げたつもりである。それが十分であったかどうかは自信がないが、日本の平野の地形について、理解が少しでも進めば幸いである。

小著は、日経BP日本経済新聞出版本部の桜井保幸さんのお勧めをきっかけとして構想した。また、いろいろなアドバイスをも得た。末尾ながらお礼を申し上げたい。

2020年夏、二条烏丸の書斎にて

金田　章裕

参考文献

第1章　歴史地理学は「空間と時間の学問」

松平千秋訳『ヘロドトス 歴史　上』岩波文庫、1971年
菊地利夫『新訂歴史地理学方法論』大明堂、1987年
荒井良雄ほか編訳『生活の時間 都市の時間』古今書院、1989年
小竹武夫訳『漢書（2表・志　上、3志　下）』ちくま学芸文庫、1998年
金田章裕『古代景観史の探究―宮都・国府・地割』吉川弘文館、2002年
藤堂明保・竹田晃・景山輝國訳注『倭国伝―中国正史に描かれた日本』講談社学術文庫、2010年
金田章裕編『景観史と歴史地理学』吉川弘文館、2018年
金田章裕『景観からよむ日本の歴史』岩波新書、2020年

第2章　河川がつくった平野の地形

町田貞『河岸段丘――その地形学的研究』古今書院、1963年
中野尊正『日本の地形』築地書館、1967年

大矢雅彦「平野の地形」西村嘉助編『自然地理学Ⅱ』朝倉書店、1969年
矢沢大二・戸谷洋・貝塚爽平編『扇状地――地域的特性』古今書院、1971年
井関弘太郎『三角州』朝倉書店、1972年
日下雅義『平野の地形環境』古今書院、1973年
籠瀬良明『自然堤防』古今書院、1975年
貝塚爽平『日本の地形――特質と由来』岩波新書、1977年
大矢雅彦『河川の開発と平野』大明堂、1979年
井関弘太郎『沖積平野』東京大学出版会、1983年
金田章裕『古代日本の景観――方格プランの生態と認識』吉川弘文館、1993年
金田章裕『微地形と中世村落』吉川弘文館、1993年

第3章　堤防を築くと水害が起こる

総理府資源調査会土地部会編『資源調査会資料第46号、水害地域に関する調査研究第1部』1956年
位野木寿一ほか編『日本地誌ゼミナールⅥ　近畿地方』大明堂、1964年
林屋辰三郎・藤岡謙二郎編『宇治市史2　中世の歴史と景観』宇治市、1974年
大矢雅彦編『地形分類の手法と展開』古今書院、1983年
横山卓雄『平安遷都と鴨川つけかえ』法政出版、1988年

金田章裕『微地形と中世村落』吉川弘文館、1993年
京都市編・刊『平安建都1200年記念　甦る平安京』1994年
足利健亮『景観から歴史を読む――地図を解く楽しみ』NHKライブラリー、1998年
佐伯安一『近世砺波平野の開発と散村の展開』桂書房、2007年
国土地理院『土地条件図（136図幅）』1975〜2010年
伊藤安男『洪水と人間――その相剋の歴史』古今書院、2010年

第4章　海辺・湖辺・山裾は動く

西村嘉助編『自然地理学Ⅱ』朝倉書店、1969年
西村嘉助編『応用地形学』大明堂、1969年
竹内常行『続・稲作発展の基盤』古今書院、1984年
長野県編『長野県史（通史編　第6巻）』長野県史刊行会、1989年
金田章裕『微地形と中世村落』吉川弘文館、1993年
金田章裕『大地へのまなざし――歴史地理学の散歩道』思文閣出版、2008年
金田章裕「近代地図への道程――「石黒図」と「輯製20万分の1地勢図」」『地図中心』553号、2018年
清水長正「北海道胆振東部地震による厚真周辺の斜面崩壊」『地図中心』559号、2019年

第5章　崖の効用、縁辺の利点

『和名類聚抄』(名古屋市博物館本)
村上直次郎訳『耶蘇会士日本通信　上・下』(『異国叢書』第1・第3、聚芳閣・駿南社)、1927年・1928年
西岡虎之助『荘園史の研究　上』岩波書店、1953年
奥野高広・岩沢愿彦校注『信長公記』角川文庫、1969年
林屋辰三郎・藤岡謙二郎編『宇治市史1　古代の歴史と景観』宇治市、1973年
金田章裕『条里と村落の歴史地理学研究』大明堂、1985年
宇治市歴史資料館編『宇治の歴史と文化』宇治市教育委員会、1988年
新熊本市史編纂委員会編『新熊本市史　別編第一巻　絵図・地図　上　中世・近代』熊本市、1993年
愛知県史編さん委員会編『愛知県史　通史編1　原始・古代』愛知県、2016年
金田章裕『古地図で見る京都——『延喜式』から近代地図まで』平凡社、2016年
金田章裕『古代国家の土地計画——条里プランを読み解く』吉川弘文館、2018年
京都学研究会編『京都を学ぶ(洛西編)』ナカニシヤ出版、2020年

第6章　人がつくった土地

佐賀縣耕地協會編・刊『佐賀縣干拓史』1941年
巨椋池土地改良区編・刊『巨椋池干拓誌』1962年
秋田県編・刊『秋田県史第6巻 大正・昭和編』1965年
琵琶湖干拓史編さん委員会編『琵琶湖干拓史』琵琶湖干拓史編纂事務局、1970年
喜多村俊夫『日本灌漑水利慣行の史的研究 各論篇』岩波書店、1973年
岡山県史編纂委員会編『岡山県史第7巻 近世2』岡山県、1985年
村井康彦編『京都・大枝の歴史と文化』思文閣出版、1991年
古板江戸図集成刊行会編『古板江戸図集成　第一〜第五巻』中央公論美術出版、2000〜2001年
佐賀県教育委員会編・刊『佐賀県地籍図集成8　肥前國佐嘉郡5』2005年
塩谷順耳ほか『秋田県の歴史』山川出版社、2010年

第7章　地名は変わりゆく

角川日本地名大辞典編纂委員会編『角川日本地名大辞典13　東京都』角川書店、1978年
角川日本地名大辞典編纂委員会編『角川日本地名大辞典16　富山県』角川書店、1979年

足利健亮「湖東平野の圃場整備」浮田典良編著『景観を考える』大明堂、1984年
金田章裕『条里と村落の歴史地理学研究』大明堂、1985年
佐賀県教育委員会編刊『佐賀県地籍図集成（三）肥前国神崎郡二』1992年
彦根市史編集委員会編『彦根明治の古地図一』彦根市、2001年
金田章裕『江戸・明治の古地図からみた町と村』敬文舎、2017年

第8章　なぜそれはそこにあるのか――立地と環境へのまなざし

ブラーシュ（飯塚浩二訳）『人文地理学原理　上・下』岩波文庫、1930年
和辻哲郎『風土――人間学的考察』岩波書店、1935年
水津一朗『近代地理学の開拓者たち』地人書房、1974年
R・ハーツホーン著、山岡政喜訳『地理学の本質』古今書院、1975年
木内信蔵・西川治編『朝倉地理学講座1　地理学総論』朝倉書店、1967年
手塚章編『地理学の古典』古今書院、1991年

金田章裕　きんだ・あきひろ

1946年富山県生まれ。京都大学名誉教授。京都府立京都学・歴彩館館長。京都府公立大学法人理事長。砺波市立砺波散村地域研究所所長。専門は人文地理学、歴史地理学。69年京都大学文学部卒、74年同大学大学院文学研究科博士課程修了。94年同大学文学部教授、2001年副学長、04年理事・副学長、08年大学共同利用機関法人・人間文化研究機構機構長を歴任。著書に『微地形と中世村落』『古地図からみた古代日本』『大地へのまなざし』『文化的景観』『古地図で見る京都』『景観からよむ日本の歴史』ほか多数。

日経プレミアシリーズ｜438

地《ち》形《けい》と日《に》本《ほん》人《じん》

二〇二〇年九月　八　日　一刷
二〇二〇年九月二十三日　二刷

著者　金田章裕
発行者　白石　賢
発　行　日経ＢＰ
　　　　日本経済新聞出版本部
発　売　日経ＢＰマーケティング
　　　　〒一〇五―八三〇八
　　　　東京都港区虎ノ門四―三―一二
装幀　ベターデイズ
組版　マーリンクレイン
印刷・製本　凸版印刷株式会社

ISBN 978-4-532-26438-3　Printed in Japan